# 输变电工程
## 典型违章案例

国网宁夏电力有限公司吴忠供电公司 编

中国电力出版社
CHINA ELECTRIC POWER PRESS

## 内 容 提 要

生命重于泰山，发展不能牺牲人的生命为代价。近几年来，国网宁夏电力有限公司不断加大反违章管理力度，牢固树立"违章就是事故"理念，坚持严格基调、严格的措施、严格氛围，聚焦人身事故防范，以"反违章"为主要抓手，不断取得"防事故"的新成效。

总结近年来反违章典型经验，国网宁夏电力有限公司组织编制了《输变电工程典型违章案例》，包括认识违章、典型安全生产事故案例、典型违章案例、反违章管理措施 4 个章节，通过典型案例的方式，直观展现了电力建设行业安全生产典型违章，并给出了应对措施。本书可作为电力建设相关企业安全生产管理人员、一线作业人员的参考用书，也可作为反违章管理教育培训的学习资料。

**图书在版编目（CIP）数据**

输变电工程典型违章案例 / 国网宁夏电力有限公司
吴忠供电公司编 . — 北京：中国电力出版社，2024. 12.
ISBN 978-7-5198-9141-1

Ⅰ. TM7；TM63

中国国家版本馆 CIP 数据核字第 202498AW37 号

出版发行：中国电力出版社
地　　址：北京市东城区北京站西街 19 号（邮政编码 100005）
网　　址：http://www.cepp.sgcc.com.cn
责任编辑：雍志娟（010-63412255）
责任校对：黄　蓓　李　楠
装帧设计：郝晓燕
责任印制：石　雷

印　　刷：北京雁林吉兆印刷有限公司
版　　次：2024 年 12 月第一版
印　　次：2024 年 12 月北京第一次印刷
开　　本：710 毫米×1000 毫米　16 开本
印　　张：21.25
字　　数：314 千字
定　　价：148.00 元

# 编 委 会

# 前　言

　　能源是国民经济的命脉，电力是当前应用最广泛、使用最方便和最清洁的能源，也是推动实现"双碳"目标的主力军。近十年来，随着特高压工程、抽水蓄能电站等重大工程的持续推进，电网建设工程的规模持续维持在较高水平，为支撑清洁能源供应、助力社会经济发展做出了突出贡献。但是由于工程建设本身的复杂性、愈发频繁的恶劣天气、工程建设一线人员老龄化等诸多原因，电力工程建设的不安全因素一直存在。为规范电力工程建设安全生产管理，提高各级人员安全意识，防范安全生产事故（事件）发生，国网宁夏电力有限公司组织编制了《输变电工程典型违章案例》。

　　本书的编写初衷，正是希望通过深度剖析电力工程建设中的典型违章行为及其导致的安全事故案例，形成可供参考的案例集合以及应对措施，进一步提高从业人员的安全意识，预防类似事故（事件）的发生。

　　本书中的违章案例，均来自近几年国网公司总部及国网宁夏电力有限公司安全督查通报的相关违章案例，分土建、电气、输电线路三个专业，按照违章描述、违章图片、违反条款、防范措施四个方面进行了说明。旨在通过真实违章案例的展示，方便读者关联相关生产场景，有效落实反违章措施，切实提升现场反违章成效。

　　鉴于本书作者自身专业及经验的局限性，书中错漏之处在所难免，敬请广大专家和读者批评指正。

编者

2024 年 12 月

# 目 录

# 第一章 认 识 违 章

## 第一节 违章相关术语定义

1. 国内违章相关术语定义

风险❶：不确定性对目标的影响。其中，影响是指偏离预期，可以是正面的或负面的；目标可以是不同方面（如财务、健康与安全、环境等）和层面（如战略、组织、项目、产品和过程等）的目标；通常用潜在事件、后果或者两者的组合来区分风险；通常用事件后果（包括情形的变化）和事件发生可能性的组合来表示风险；不确定性是指对事件及其后果或可能性的信息缺失或了解片面的状态。

安全风险❷：发生危险事件或有害暴露的可能性，与随之引发的人身伤害、健康损害或财产损失的严重性的组合。

安全生产事故隐患❸：是指生产经营单位违反安全生产法律法规、规章、标准、规程和安全生产管理制度的规定，或者因其他因素在生产经营活动中存在可能导致事故发生的物的危险状态、人的不安全行为和管理上的缺陷。

2. 国网公司关于违章的相关术语定义

安全生产风险❹：在生产经营过程中，由于生产组织、计划安排、运行方式、设备状态、人员行为、外部环境、客户状况等因素，导致发生安全事故（事件）可能性与造成后果严重性的组合。

---

❶ 《风险管理 术语》（GB/T 23694—2013） 2 与风险有关的术语。
❷ 《企业安全生产标准化基本规范》（GB/T 33000—2016）3 术语和定义。
❸ 《安全生产事故隐患排查治理暂行规定》（安全监管总局令第 16 号）第三条。
❹ 《国家电网有限公司安全生产风险管控管理办法》[国网（安监/3）1107-2022] 第三条。

安全隐患[1]：在生产经营活动中，违反国家和电力行业安全生产法律法规、规程标准以及公司安全生产规章制度，或因其他因素可能导致安全事故（事件）发生的物的不安全状态、人的不安全行为、场所的不安全因素和安全管理方面的缺失等。

违章[2]：在生产经营活动过程中，违反国家和行业安全生产法律法规、规程标准，违反公司安全生产规章制度、反事故措施、安全管理要求等，可能对人身、电网、设备和网络信息安全等构成危害并容易诱发事故（事件）的管理的不安全作为、人的不安全行为、物的不安全状态和环境的不安全因素。

违章与安全隐患的区别：从国网公司给出定义来看，违章与安全隐患关于的定义表述基本相同，但从认定情况来看，违章偏重于工程安全管理领域，安全隐患偏重于设备安全管理领域。大部分违章特别是行为性违章往往被限定在一个时间范围内，随着作业或者工程的完工，相关违章便自然消除，但绝大部分设备安全隐患并不会随着时间的推移而自然消除，需要治理后才能消除。

## 第二节 违章的分类

1. 按照违章定义进行分类

主要分为管理性违章、行为性违章和装置性违章三类。

（1）管理性违章是指各级领导、管理人员不履行岗位安全职责，不落实安全管理要求，不健全安全规章制度，不开展安全教育培训，不执行安全规章制度等的不安全作为。

（2）行为性违章是指现场作业人员在电力建设、运维检修和营销服务等生产经营活动过程中，违反保证安全的规程、规定、制度和反事故措施等的不安全行为。

---

[1] 《国家电网有限公司安全隐患排查治理管理办法》[国网（安监/3）481-2022]第二条。
[2] 《国家电网有限公司安全生产反违章工作管理办法》[国网（安监/3）156-2022]第十二条。

（3）装置性违章是指生产设备、设施、环境和作业使用的工器具及安全防护用品不满足规程、规定、标准、反事故措施等要求，不能可靠保证安全的状态和因素。

2. 按照违章严重程度进行分类

按照违章性质、情节及可能造成的后果，分为严重违章和一般违章。

（1）严重违章主要指易造成领导失察、责任悬空、风险失控以及酿成安全事故的管理、行为及装置类等违章。按照《国网安监部关于优化调整严重违章查治工作的通知》要求，严重违章条目精减为35条，不再区分Ⅰ至Ⅲ类。

（2）一般违章是指达不到严重违章标准且违反安全工作规程规定的其它违章情形。

3. 按照作业类型进行分类

主要分为高处作业、有限空间作业、起重作业、焊接与切割作业、动火作业、土石方施工、脚手架施工、混凝土施工、桩基施工、装设施工、钢结构施工、电气设备安装、电缆安装、电气试验、组塔施工、架线施工、线路跨越作业、临近带电体作业、拆除拆旧等。

## 第三节　发生违章的后果

### （一）网省公司内部考核要求

1. 国网公司对严重违章的考核要求

（1）对严重违章责任人和负有管理责任的人员，对照国网公司《安全工作奖惩规定》关于安全事件的惩处措施进行惩处。

（2）对发生严重违章的省公司级单位实施企业负责人业绩考核。其中，施工单位发生严重违章，对其上级省公司按照主要责任考核，对参建的监理单位的上级省公司、建管（检修）单位的上级省公司均按次要责任考核。

（3）对多次发生严重违章的单位，要按照国网公司《安全警示约谈工作规定》，由上级违章查处单位进行约谈。

2. 省级公司违章考核要求

根据某省级电力有限公司《安全工作奖惩实施细则（试行）》文件，违章考核要求如下：

（1）直接责任。

对省公司及以上单位查处的严重违章，对直接责任人考核 5000 元，年度绩效等级评价不得评为 A。同时对严重违章直接责任人开展不少 7 天的专项安全教育脱产培训，并进行专项安全考试。

（2）管理责任。

省公司及以上单位查处的严重违章，严肃追究地市公司级单位领导人员责任，对主要领导和相关分管领导考核 5000 元。追究项目管理单位、监理单位、施工单位相关管理人员责任，对工作负责人、安全员、施工项目经理、项目总监、业主项目经理等管理人员考核 2000 元。

## （二）法律后果

《刑法修正案（十一）》将"安全生产方面发生违章并导致重大伤亡事故""强令他人违章冒险作业而导致重大伤亡事故"等纳入刑罚，具体条文如下：

《中华人民共和国刑法》第一百三十四条第一款规定：在生产、作业中违反有关安全管理的规定，因而发生重大伤亡事故或者造成其他严重后果的，处三年以下有期徒刑或者拘役；情节特别恶劣的，处三年以上七年以下有期徒刑。第一百三十四条第二款规定：强令他人违章冒险作业，或者明知存在重大事故隐患而不排除，仍冒险组织作业，因而发生重大伤亡事故或者造成其他严重后果的，处五年以下有期徒刑或者拘役；情节特别恶劣的，处五年以上有期徒刑。

此外，《最高人民法院最高人民检察院关于办理危害生产安全刑事案件适用法律若干问题的解释》还对《中华人民共和国刑法》第一百三十四条的涉及的犯罪主体进行了规定：刑法第一百三十四条第一款规定的犯罪主体，包括对生产、作业负有组织、指挥或者管理职责的负责人、管理人员、实际控制人、投资人等人员，以及直接从事生产、作业的人员。刑法第一百三十四条第二款规定的犯罪主体，包括对生产、作业负有组织、指挥或者管理职责的负责人、管理人员、实际控制人、投资人等人员。

# 第二章　典型安全生产事故案例

1. 基坑有限空间作业中毒窒息事故

典型场景：基坑有限空间作业时，未按照"先通风、再检测、后作业"的工作程序，因有毒、有害气体超标或含氧量不足，发生坑下人员中毒或窒息事故，由于施救不当而导致事故扩大。

 **典型事故案例：**

## 案例　××送变电工程有限公司"7·2"人身事故

➤ **事故简述：**

2020年7月2日，××送变电工程有限公司施工承包的××220kV输变电工程，发生一起深基坑窒息事故，造成5名专业分包作业人员死亡。

➤ **事故经过：**

7月2日上午6时左右，××建设公司施工项目部副经理郭××安排施工人员李××（现场工作负责人）等10人对G30号塔基坑进行混凝土浇筑作业。6时40分左右，施工人员到达施工现场，进行连接混凝土地泵管道、调整地脚螺栓等浇筑前的准备工作。6时50分左右，××电力咨询公司监理员周×到G30号塔基坑进行浇筑前检查，因混凝土罐车未到，就告知李××待罐车到达后电话通知，随后周×前往G20号塔基基础施工现场进行检查。7时10分左右，郭××来到现场巡视。8时10分左右，郭××告知李××，他到山下等待罐车。9时20分左右，李××发现G30号塔基B基坑内的声测管松动，便安排覃××下基坑绑扎声测管。覃××未采取任何安全措施即下基坑作业，下到坑底后，发出呼救声，接着晕倒。付××和李××听到呼救声后未采取任何安全措施便下基坑救人。在基坑中，李××看到付××晕倒，感到情况不妙就往上爬，爬了约4m坠落坑底。在基坑口的李××、唐××两人见状也下坑施救，李××到坑底后很快倒地，唐××下到离坑底约 3m 时开始往上爬，爬了约 2m 后坠落坑底。

> **直接原因：**

事发当日，G30 号塔基坑周边岩土中的有机物质经化学反应产生一氧化碳在雨水和气压的影响下沿着岩石裂隙通道逸散并集聚在 B 基坑内，施工现场负责人李××擅自改变作业票工作内容，在未进行通风和有毒有害气体检测的情况下，安排安全监护人覃××下到 G30 号塔 B 基坑作业，覃××中毒晕倒后，李××盲目组织下基坑施救，导致事故扩大。

2. 深基坑支护坍塌事故

> **典型场景：**

抽蓄电站、隧道始发井和接收井、变电站消防泵房、输电线路大型基础等施工时，因违规开挖、支护不稳定、排降水不规范等原因导致基坑坍塌，造成人员伤亡。

### 典型事故案例：

#### 案例 "4·10" 基坑局部坍塌事故

> **事故简述：**

2019 年 4 月 10 日 9 时 30 分左右，××市××农民拆迁安置小区四期 B2 地块一停工工地，擅自进行基坑作业时发生局部坍塌，造成 5 人死亡、1 人受伤。

> **直接原因：**

未按施工设计方案，未采取防坍塌安全措施的情况下，在紧邻 B104 号住宅楼基坑边坡脚垂直超深开挖电梯井集水坑，降低了基坑坡体的稳定性，且坍塌区域坡面挂网喷浆混凝土未采用钢筋固定，是导致事故发生的直接原因。该起事故为未按施工设计方案盲目施工、项目管理混乱、违章指挥和违章作业、监理不到位、方案设计存在缺陷、危大工程监控不力引起的坍塌事故。

3. 爆破作业安全管控不当造成事故

> **典型场景：**

山区进行深基坑爆破作业时，因现场安全管控及措施执行不到位，发生安全事故。

**典型事故案例：**

### 案例一、某采石场爆破事故

➤ **事故经过：**

1987 年 6 月 10 日，××县××村某采石场（未办理合法证件）雇请××县民工（没有爆破员证），使用私下从邻县买来的火雷管、导火索和 2 号岩石炸药，进行浅孔药壶爆破采石。用竿头已开裂的竹竿装药。捅响雷管，引爆炸药，造成 3 人被抛离孔口 12～25m，当场死亡。

### 案例二、现场清场不彻底发生爆破事故

➤ **事故经过：**

1995 年 3 月 16 日，××市某爆破公司在××市××公路工地进行硐室爆破，爆区东面 150～200m 处有外来人员搭建的大片窝棚。爆破安全警戒范围 350m。放炮前一天，爆破施工单位专门召集这些外来人来开会，通报了有关爆破及人员撤离等事项。起爆前 40min，由当地公安机关分局人员带领保安，对这些窝棚进行检查。一保安发现一个两层窝棚楼梯上方用木板盖住，用手托了一下未挪开，喊了一声也没有人答应，就走了。起爆后有一尺寸为 50cm×40cm×15cm 的石块飞跃 207m，将此窝棚油毛毡顶棚砸穿，恰恰落在藏匿在此楼上的 1 名农妇头上，当场死亡。

4. 脚手架坍塌事故

➤ **典型场景：**

建（构）筑物施工时，因脚手架地基承载力不足、搭设材料不合格、搭设拆除不符合要求、使用过程中荷载过大等，导致脚手架整体倒塌。

 **典型事故案例：**

### 案例 ××煤电一体化项目"6·8"坍塌事故

➤ **事故经过：**

2012 年 6 月 8 日，××火电建设公司分包单位××××烟塔工程有限公司在××县煤电一体化项目一期冷却塔施工中，发生脚手架坍塌事故，造成 7

人死亡、1 人受伤。上午 7 时左右，带班组长袁××带领 7 名人员进入施工现场，因脚手架拆除的正常程序是自上而下进行，若没有电梯，人员不能上去作业，拆下来的架管及扣件无法运至地面，在取得项目经理同意后，改变作业指导书的要求，带领施工人员从地面开始自下而上采用重锤（其中 22 磅 1 把、18 磅 3 把、14 磅 2 把、12 磅 2 把）敲除粘附在架管及扣件上的混凝土浆体。上午 10 时 50 分左右，施工人员在离地面十八层、高约 20m 的脚手架上用重锤敲除粘附在架管及扣件上的混凝土浆体时，整个施工电梯附着脚手架（还未拆除的，高约 100m）突然整体呈 S 扭曲形向冷却塔中心线方向坍塌，导致 7 人坠落死亡。

> **直接原因：**

劳务项目经理及带班组长违章指挥施工人员违章作业，从地面开始自下而上采用重锤敲除粘附在脚手架架管及扣件上的混凝土浆体，导致部分连接扣件松动，脚手架局部变形、架体失稳，发生坍塌。

5. 高支模坍塌事故

> **典型场景：**

高支模混凝土浇筑过程中，因混凝土荷载集中，超出高支模承载力，使得高支模严重失衡并发生坍塌。

 **典型事故案例：**

### 案例 ××发电有限公司粗灰库工地"11·18"较大坍塌事故

> **事故经过：**

2011 年 11 月 18 日，由××电力建设工程公司总承包、××建设有限公司专业分包施工的××发电有限公司粗灰库工地混凝土浇筑封顶施工过程中发生坍塌事故，**共造成现场施工人员 5 人死亡，3 人受伤**。10 时 30 分，专业分包单位施工员奚××看到粗灰库顶部中央区域有大约直径 5m、最高处不超过 0.5m 的混凝土围包，要求杨××赶紧扒平。此时现场已完成整个封顶工作面的约 2/3 浇筑量，但泵车打到顶面的混凝土已有 9 车半（总共需要 11 车），占浇筑总量 86%，造成了局部的严重超载。10 时 40 分，粗灰库顶部面板及梁从中央开始坍塌并迅速引起整体坍塌，杨××等 8 人随顶板坍塌而坠落。

➢ **直接原因：**

施工人员在浇筑顶部过程中，未严格按先浇筒壁再浇梁板和南北部应平衡浇筑的作业程序，而是从灰库顶部的南侧顺着往北侧浇筑，使筒壁、梁、顶板等不分先后一并浇筑，完成 2/3 的施工作业时已使用所需混凝土总量的约 86%，且在顶板中心部位存放了直径约 5m、最高处近 0.5m 的混凝土围包，使顶部局部堆积超载严重，导致粗灰库顶面应力严重失衡而发生坍塌。

6．起重机械倒塌造成人员伤亡事故

➢ **典型场景：**

铁塔组立过程中，由于未按方案施工、起重机械不合格或操作不规范，造成抱杆倾倒或起重机械倾覆安全事故。

 **典型事故案例：**

### 案例一、××送变电工程有限公司"5·11"人身事故

➢ **事故简述：**

2020 年 5 月 11 日，××送变电公司施工承包的××特高压交流线路工程第 7 标段发生一起组塔抱杆倾倒事故，造成 3 名劳务分包作业人员死亡。

➢ **事故经过：**

2020 年 5 月 3 日，××公司贺××组织、梁×带队的 21 人施工队来到××县。5 月 5 日—5 月 9 日，接到施工项目部关于做好组塔前期准备工作的通知后，组塔班班长梁×带领班组人员于施工项目部材料站管理员彭××处领取了抱杆、钢丝绳等施工工器具。5 月 10 日，梁×、贺××在未和施工项目部办理进场手续且塔材未到的情况下组织班组成员进入 5L059K 塔位施工，采用小抱杆带大抱杆的方式立抱杆，抱杆拉线使用直径为 φ11 钢丝绳（施工方案要求直径为 φ15），拉线固定在铁塔基础的地脚螺栓上（施工方案要求固定在地锚上），对地夹角约 70°（施工方案要求不得大于 60°）。当天起立 9 节（每节长 2m，宽 0.9m），共 18m 高。5 月 11 日上午 8 时许，在梁×默许下，贺××（高空作业人员）组织班组成员贺×（安全员）等 5 人继续加高抱杆，其余王××等 15 人进行地面配合和清理通道工作。梁×未通知施工、监理、业主项

目部，也未去作业现场，只是在出发前交代该班组成员不准携带火种上山，然后去准备班组午餐。上午 11 时许，梁×携带班组的午餐到达施工点山脚下，用索道将饭菜运送上山，山上班组人员暂停施工，开始就餐。13 时许，班组人员就餐完毕后，贺××在地面指挥，贺×（安全员）等 3 人登高继续加高抱杆，并采用明令禁止的"正装法"从抱杆顶部加高抱杆。13 时 50 分抱杆高度达到 36m，在抱杆 18m、26m（指距离地面高度，下同）处均固定 4 根拉线，拉线底部固定在地脚螺栓处（根据施工方案应固定在地锚上），接着贺×等 3 人开始将抱杆 18m 处的 4 根拉线翻至 36m 处，并陆续完成了杆塔 B、C、D 腿方向拉线在抱杆 36m 处挂设工作（此过程中，抱杆 36m 处 B、C、D 腿方向的拉线暂未锚固，即拉线的底部未固定）。14 时许，在挂设抱杆 36m 处 A 腿方向拉线时，现场突发大风，受到强风作用，抱杆在杆塔 A、C 腿方向剧烈摆动，设置在抱杆 26m 处的 4 根拉线受到剧烈冲击，最终 C、B 腿方向的拉线先后发生断裂，造成抱杆倾倒并与底座脱离，3 名在抱杆上作业的人员随抱杆一起跌落（事后发现高空人员的双保险安全带系在抱杆上）。

> **直接原因：**

（1）未严格执行施工方案。一是施工现场设置的抱杆拉线以小代大，采用 $\varphi 11$ 钢丝绳代替 $\varphi 15$ 钢丝绳。二是钢丝绳拉线未按照施工方案锚固在地锚上，而是锚固在杆塔桩位四个基础的地脚螺栓上，导致拉线与地面夹角严重超过了施工方案不大于 60°的措施要求，结合抱杆与基础根开距离，A、B、C、D 腿拉线对地夹角分别为 69.95°、69.39°、70.93°、71.35°。三是加高抱杆过程中采用了明令禁止的"正装法"调整抱杆顶部拉线。事故发生时，抱杆 36m 处只有 B、C、D 腿拉线固定而 A 腿拉线未完成调整，且 36m 处拉线的地面部分完全没有固定。抱杆整体只有 26m 处的拉线稳固，而 36m 顶部拉线无任何作用。

（2）施工现场突发大风。5L059K 塔位于多条山沟之间的山顶，容易引起多股大风汇集形成旋风。事故发生时现场突发大风，在大风作用下，抱杆系统由于受力不均匀、26~36m 部分失稳，发生剧烈摆动，造成 C 腿方向拉线首先拉断，形成的冲击力导致 B 腿拉线断裂，最终抱杆倾倒。经查，××县气象台于 5 月 11 日 12 时 25 分曾发布大风蓝色预警：××县部分地区，预计未来 24 小时预警区域内将出现平均风力 4～5 级，短时间可达 6～7 级（或）以上的大风。根据交城县气象台开具的"气象实况证明"描述：2020 年 5 月 11 日××县××镇阵风达到 7 级，最大风速 16.7m/s。

### 案例二、××供电公司"6.29"分包人身事故

➢ **事故简述：**

2020 年 6 月 29 日，在××风电 110kV 送出工程 I 标段，起重机吊装铁塔时发生一起吊臂折断事故，造成劳务分包单位 1 人死亡、3 人轻伤。

➢ **事情经过：**

2020 年 6 月 29 日，天气晴、无风，××电力有限公司组织实施××风电 110kV 送出工程 G25-G32 铁塔起重机吊装组立工作。施工项目部作业班组长马×负责指挥施工，安全员马×负责监护，项目总监李××现场旁站监督，劳务分包单位 7 名高空作业人员参与作业，吊车租赁单位安排刘××操作 80 吨汽车起重机（中联重科 ZLJ5503JQZ80V）。7 时 50 分，作业班组长马×、安全员马×及 16 名施工人员到达现场，马×组织召开站班会，对参与作业的所有人员进行安全风险控制措施交底并签名确认，组织对汽车起重机进行检查和试吊，合格后开展组塔施工。依次完成 G32、G31 铁塔组立后，12 时 05 分转场至 G30 铁塔现场。12 时 30 分，作业班组进行 G30 铁塔上段吊装。13 时 05 分上段铁塔接近就位位置，工作负责人指挥 7 名高空作业人员登塔作业（A 腿 1 人、B 腿 2 人、C 腿 2 人、D 腿 2 人），做好安全防护措施。在上下段铁塔对接时，汽车起重机第四节吊臂突然折断，起吊塔段向 B 腿、C 腿侧倾倒，造成 4 名高空作业人员受伤。工作负责人马×立即组织对伤者进行施救，安排安全员马×拨打 120 急救电话，向项目经理郭×汇报现场情况。13 时 45 分，120 急救车到达现场对受伤人员进行急救，金×经抢救无效死亡，丁××等 3 人送××医科大学附属医院治疗，分别于 7 月 9 日、7 月 15 日出院。

➢ **直接原因：**

××建设工程有限公司对所提供的起重机检查维护不到位，起重机吊臂存在质量问题。

7. 紧线作业铁塔倾倒事故

➤ **典型场景：**

架空线路铁塔施工时，在存在地脚螺栓紧固不到位或规格不匹配、未按施工方案设置反向拉线等安全隐患的情况下，开展紧线作业，导致铁塔倾倒。

 **典型事故案例：**

### 案例一、××送变电公司"5·7"人身伤亡事故

➤ **事故简述：**

2017 年 5 月 7 日，××送变电建设公司承建的××500kVⅦ回输电工程发生铁塔倒塌事故，造成分包单位 4 人死亡、1 人受伤。

➤ **事故经过：**

2017 年 5 月 6 日下午，在 181 号铁塔未经过验收，改变施工计划安排，未按照业主项目部和施工项目部要求 5 月 8 日作业的计划安排，在没有提前通知施工项目部和监理项目部人员到位，且没有确认塔根连接是否牢固、拉线是否满足要求的情况下，××电力工程有限公司现场施工队负责人蒋××就安排架线班组负责人李××对 181 号-151 号（××Ⅰ回旧塔）左相导线紧线施工。5 月 7 日上午 6 点 30 分，××电力工程有限公司继续对 181 号-151 号（××Ⅰ回旧塔）进行中相导线紧线施工，7 点 26 分，在进行第二根子导线紧线时，181 号塔向××Ⅰ回 151 号侧倾倒，同时 151 号铁塔塔头折弯，造成 181 号塔上 5 名××电力建设有限公司高处作业人员随塔跌落，2 人当场死亡，2 人送医院后经抢救无效死亡，1 人受伤。

➤ **直接原因：**

分包队伍负责人未按照施工项目部和业主项目部的施工计划，自行组织提前施工；181 号铁塔组立完成后，未经过铁塔验收，没有对 181 号塔地脚螺栓存在的重大安全隐患整改到位，擅自将施工方案中要求打沿导线反方向的三根拉线，改变成两根外八方向的拉线，在条件不具备的情况下便开始紧线；分包队伍在未将 181 号铁塔地脚螺栓全部拧紧、151 号铁塔未打过轮临锚的情况下，就安排施工人员对 181 号-151 号紧线，塔在水平方向，受边相四根子导线和中

相两根子导线的张力和反向塔根弹力和拉线拉力的作用下,北侧拉线受力达 16 多吨超过最大拉力 15.1 吨而断裂,导致塔失去平衡而向 151 号铁塔方向倾倒。

### 案例二、××供电公司"5·14"人身伤亡事故

➤ **事故简述:**

2017 年 5 月 14 日,××送变电工程有限公司承建的××110kV 输电工程发生铁塔倒塌事故,造成分包单位 4 人死亡。

➤ **事情经过:**

2017 年 5 月 14 日,王×带着 24 名工人计划进行 8 号-15 号光缆架设和 9 号-15 号耐张段架线作业 7 时 30 分,项目部组织召开停电开工会,8 时完成跨越封网并开始放线。8 时 37 分开始对 9 号-15 号区段导、地线进行紧线和挂线,11 时 53 分开始进行 8 号-15 号区段光缆(左侧地线)架线,在 8 号塔进行光缆紧线,15 号塔为锚线塔;在 9 号塔左侧地线支架悬挂放线滑车对光缆进行紧线施工,其他作业未进行。11 时 55 分左右,准备划印(标记)安装耐张金具时,9 号塔整体向转角内侧坍塌,造成正在铁塔上进行紧线施工的高正宝等 4 人随塔坠落,当场死亡。

➤ **直接原因:**

施工人员在组立铁塔时错误地使用了与地脚螺栓不匹配的螺母,导致铁塔与地脚螺栓紧固力不足,在紧线过程中,铁塔受朝向内角的水平力作用产生上拔时,铁塔基础无法提供足够的约束,造成铁塔倾覆。

8. 整体拆除铁塔作业致人死亡事故

➤ **典型场景:**

铁塔整体拆除作业,邻近其他作业面,未按施工方案确定的倒塔方向、塔腿切割方式等要求进行施工,导致旧铁塔失控,致使相邻铁塔、导线上作业人员发生高处坠落,致人死亡。

### 典型事故案例:

### 案例 ××送变电工程有限公司"4·14"分包人身事故

➤ **事故简述:**

2020 年 4 月 14 日,××送变电工程有限公司承揽的 500kV××线外部迁

改工程，专业分包单位××××电力发展有限公司在拆除铁塔过程中发生倒塔事故，砸断相邻正在施工的线路，造成该线路施工人员 2 人死亡、3 人轻伤。

> **事故经过：**

2020 年 4 月 14 日，分包单位××××电力发展有限公司文×班组计划开展原 130 号铁塔拆除工作。当日 6 时 10 分左右，班组人员到达现场准备工作。按照施工方案，原 130 号杆塔拆除采用向北侧整体拉倒的方式进行，用于拉倒铁塔的机动绞磨设置在铁塔北侧，采用一根 Φ17.5 钢丝绳作为拉倒铁塔的牵引绳，采取"八"字型连接于北侧塔身，并使用 Φ15.5 钢丝绳在北侧塔身设置临时拉线。拉倒铁塔前，使用氧焊割枪将北侧 A、B 塔腿主材角钢平行于拉倒方向的一面割断，保留垂直于拉倒方向的一面，再将南侧 C、D 塔腿主材角钢全部割断。

事故发生前，拆塔作业人员未按施工方案将机动绞磨和牵引绳设置在原 130 号杆塔北侧，而是设在西侧，且未设置临时拉线。4 月 14 日 8 时 50 分，拆塔作业人员将原 130 号杆塔四根塔腿主材全部割断，然后利用设置在铁塔西侧的机动绞磨收紧牵引绳，向西侧整体拆除杆塔，铁塔在倾倒过程中方向失控，倒向距离该塔 12m 的新建 129 号-130 号档导线，压断该档左中、左下相导线，导致在导线上安装附件的其他班组作业人员坠落，被速差自控器悬吊于空中，其中 1 人因导线抽击当场死亡，另 1 人因速差自控器绳索断裂坠落地面受重伤，另外 3 人轻伤。

> **直接原因：**

专业分包单位××××电力发展有限公司文×班组未按照施工方案确定的倒塔方向、塔腿切割方式等要求进行施工，导致旧塔拆除中失控倒向正在施工工作的线路。

9. 线路跨越施工人员触电事故

> **典型场景：**

线路跨越带电线路施工时，因跨越架搭设不符合标准、作业人员违规拖拽导线、无可靠接地或隔离措施，导致作业人员直接接触带电体，发生触电。

**典型事故案例：**

**案例 ××送变电工程有限公司"5·18"人身事故**

➢ **事故简述：**

2023 年 5 月 18 日，由××送变电工程有限公司施工的××××220kV 电网加强工程××220kV 线路工程现场发生一起人员触电事故，造成 3 人死亡。

➢ **事故经过：**

2023 年 5 月 18 日上午 6 时许，杨××按照柏××安排带领劳务分包班组到达旧××线，进行导地线拆除作业。7 时许，陈××按照管理群中的《日报》到达拆旧现场，并将发现的拆旧作业存在的问题向肖×进行报告，未进行有效制止。杨××班组使用绞磨将 4 号-7 号段的旧导地线松弛落地，在地面分段剪断并盘好。16 时许，回收导地线至旧××线 6 号-7 号档时，由于旧导线搭在跨越架及在运 10kV××线绝缘导线上，劳务分包班组成员王××等 3 人便从跨越架小号侧拉拽旧导线回收。拉拽过程中，旧导线摩擦 10kV××线导线，磨破绝缘层后放电，造成王××等 3 人触电身亡。事故发生后，杨××使用长竹竿将触电人员身上的导线挑开，劳务分包人员赖×拨打电话报警。

➢ **直接原因：**

现场作业人员在跨越架不符合行业标准和施工方案要求的情况下违规施工作业，被拉拽的旧导线与 10kV 带电绝缘导线摩擦，导致绝缘皮破损，10kV 带电线路经旧导线和人体对地放电，造成人员触电死亡。

10. 感应电触电事故

➢ **典型场景：**

线路参数测试时，因未按试验方案实施、未采取防感应电措施、未正确使用安全防护用品，造成线路感应电伤人，人员施救不当导致事故扩大。

 **典型事故案例：**

**案例 ××供电公司"5·20"人身伤亡事故**

➢ **事故简述：**

2018 年 5 月 20 日，××供电公司所属集体企业××电力实业总公司变电分公司，在进行 220kV××线路参数测试工作过程中，发生一起感应电触电人身事故，造成 2 人死亡。

> **事故经过：**

2018 年 5 月 20 日 18 时左右，××电力实业总公司变电分公司线路参数测试工作负责人胡××、工作人员于×持工作票至 220kV××变电站，在接受变电站当值人员现场安全交底和履行现场工作许可手续后，两人于 19 时 11 分进入××变电站 220kV 设备场地进行线路参数测试，20 时左右，测试工作人员于×在完成×× II 线零序电容测试后，未按规定使用绝缘鞋、绝缘手套、绝缘垫，且在×× II 线两端未接地的情况下，直接拆除测试装置端的试验引线，导致感应电触电。工作负责人胡××在没有采取任何防护措施的情况下，盲目对触电中的于×进行身体接触施救，导致触电。21 时 53 分，2 人经抢救无效死亡。

> **直接原因：**

（1）测试工作人员于×在线路参数测试过程中违章作业，未按规定使用绝缘鞋、绝缘手套、绝缘垫，且在被测线路 220kV×× II 线线路两端未接地的情况下变更接线，直接拆除测试装置的试验引线，线路感应电通过试验引线经身体与大地形成通路，导致触电，是造成本起事故的直接原因。

（2）工作负责人胡××盲目施救，在没有采取任何防护措施的情况下，对触电中的于×进行身体接触施救，是导致本起事故扩大的直接原因。

11．作业人员违规乘坐货运滑索高空坠落事故

> **典型场景：**

山区输电线路施工时，作业人员违规乘坐货运滑索，货运滑索不具备安全防护功能，导致作业人员高空坠落。

 **典型事故案例：**

### 案例一、××供电公司"6·11"人身事故

> **事故简述：**

2018 年 6 月 11 日，××电力实业（集团）有限责任公司承建的 110kV××变电站第二电源工程，分包单位人员违规乘坐货运滑索，发生坠落事故，造

成分包单位 4 人死亡。

> **事故经过：**

2018 年 6 月 11 日下午，××公司张××等 4 人，在山上清理物料后返回驻地时，向货运滑索操作员李××提出乘坐自行搭建的货运滑索下山。在滑索未做好准备的情况下，张××等 4 人进入滑索吊斗，吊斗迅速下滑，李××为控制吊斗下滑速度，紧急拽扯吊斗保险绳，致使保险绳脱出滑轮轮槽，卡在滑轮边缘与支架间，造成高速下滑的吊斗因惯性冲击而解体。陈××、蔡××当即从吊斗中甩出，坠落至山谷死亡，何××、张××抓住吊斗残留部分，沿滑索快速下滑，并坠落于滑索终端支架外，导致何××当场死亡，张××重伤经现场抢救无效死亡。

> **直接原因：**

××人员在该工程停工期间，上山清理堆场物料，返回途中，擅自乘坐货运滑索。

## 案例二、××矿业有限责任公司索道运输事故

> **事故经过：**

2017 年 1 月 19 日上午，××矿业有限责任公司××金矿发生一起较大索道运输事故，造成 5 人死亡、2 人受伤。2017 年 1 月 10 日，公司将索道检修维护作业项目承包给自然人刘××，由其组织工人进场施工作业。1 月 19 日上午，刘××带领 6 名若吉金矿索道检修人员将部分索道设备及维修工具装入货厢后一同乘上货厢，准备上山开展索道检修维护作业。通过对讲机联系矿洞值守人员杨××启动索道卷扬机，货厢自下而上运行约 5min（约上行 400m）后，货厢牵引钢丝绳在距离卷扬机 13m 处断裂，货厢因重力沿主绳迅速下滑，货厢背面底部撞击在离下码头支架 45m 处的凸出大石块上，继续下行约 20m，随后缠搭在下方电信光缆线，货箱与原行进状态偏移 90°后坠落路边，造成人员伤亡。

12. 高空作业平台倾覆事故

> **典型场景：**

高处作业施工时，因高空作业平台地基承载力不足、托斗材料不合格、超额定载荷等，导致作业平台侧翻、托斗脱落造成高空人员坠落。

**典型事故案例：**

**案例 某变电站"4·30"二人高处坠落死亡事故**

➤ **事故简述：**

2022 年 4 月 30 日 17 时许，××500kV××变电站在扩建第二台主变工程电气安装项目中发生一起高处坠落事故，造成 2 人死亡。

➤ **事故经过：**

2022 年 4 月 30 日下午 14 时 30 分左右，在××500kV××变电站，送变电公司电气班组长王××带领劳务人员蒋××、吊车司机张××5 名工作人员到 2 号主变扩建作业现场，开始使用新的高处作业平台进行 2 号主变高压侧电流互感器与上方的架空软导线连接工作。

17 时左右，进行 2 号主变高压侧电流互感器 C 相连接工作时，马××、文××将两根引下线绑扎在自制高处作业平台（背向吊臂）的右前侧。汽车吊将高处作业平台升至 C 相电流互感器上方架空线线夹安装处（距离地面约 24m），在马××和文××完成架空线临时接地线安装，准备安装引下线线夹时，平台右侧螺杆在焊接对接处断裂，高处作业平台对左侧产生冲击负荷，将左悬臂根部焊接处扯裂，马××、文××随作业平台坠落到汽车吊上面，附近施工人员胡×看到事故发生后立刻拨打 120 急救电话。17 时 30 分左右，120 急救人员到达现场，17 时 37 分，2 人经抢救无效死亡。

➤ **直接原因：**

××公司违规使用未经检测合格的自制的汽车吊高处作业平台进行作业，导致在距离地面约 24m 处作业时，高处作业平台右侧联结螺栓在对接处突然断裂，高处作业平台在人、引下线及平台自重等综合冲击负荷作用下将左侧悬臂从根部焊接处扯裂，致使高处作业平台掉落，两名作业人员随高处作业平台一同坠落身亡。

13. 塔材运输人员淹溺事故

➤ **典型场景：**

塔材使用船舶运输过程中，因船舶超载、装载不当等原因致使船舶倾覆，致人溺水死亡。

## 典型事故案例：

### 案例 ××"4·16"沉船淹溺交通事故

➤ **事故经过：**

2013年4月16日，××流域××河段发生一起较大沉船事故，死亡6人。4月16日前，施工班负责人魏××带领施工班14名施工人员陆续完成了所承担任务的第一基铁塔组立，因陆路不通，故而采取水运转场。晚上20时10分左右，原盘古农038号载人农用机动船，沿右岸逆水而上，航行1910m，途经××，××河段时，因严重超载装载不当，致使船头溅水，导致船舶翻沉。船上11名工人及船主全部落水，最终有7人获救上岸，其余5人溺水沉没，一人获救上岸后，经××卫生院医务人员全力抢救，无效后死亡。

➤ **直接原因：**

一是严重超载，经实船丈量计算，原盘古农038船安全承载能力为0.6吨，事故发生时，该船载货0.4吨，载入12人，约0.84吨，共计载重1.24吨，超载一倍多，造成该船储备浮力严重不足，抗风浪能力极差。二是装载不当，配载不均，工人图方便将施工设备等重物堆放在船头，应该船首部瘦小重压之下船头下沉，逆水航行中受星波影响，水浪进入首间舱，加重船头荷载，使船头更加下沉。三是照明不良，该船于晚上20时10分许行驶到向家坪组沉水河段时，天色已黑，有任何照明设备驾驶员看不清船头状况，不能有效采取安全航速来控制兴波的大小，也不能及时采取紧急停靠上岸的措施，以避免事故发生。四是使用无安全装置的设备，事故船舶为农用自用船，设备简陋，无救生防护设施。

# 第三章 典型违章案例

## 第一节 土建专业典型违章案例

### 3.1.1 作业组织和作业计划

 **典型违章案例1:**

➤ **违章描述**

××抽水蓄能电站工程：闸门井施工作业，当日站班会记录中未体现有限空间作业的相关危险点和安全措施。存在安全交底不到位风险，反映出班前交底不到位，未根据当日作业的相关危险点开展针对性交底。（一般违章）

➤ **违章图片**

图1 站班会记录中未体现有限空间作业的相关危险点和安全措施

➤ **违反条款**

《国家电网有限公司有限空间作业安全工作规定》第九条有限空间作业相

关人员职责：（一）工作负责人职责：负责检查作业现场安全措施是否正确完备，确认作业环境、作业程序、防护设施、作业人员符合要求，正确安全地组织工作；作业前对全体人员进行安全交底，并履行签字确认手续。

> **防范措施**

一是加强危险点辨识，结合前期现场勘察记录和当日工况全面辨识相关危险点和危险源。二是加强十不干交底，利用开展"有限空间作业"安全交底和应急演练。三是加强过程管控，严格按照有限空间作业要求，进行常态化安全管控，并配备相关救生器材。

 **典型违章案例2：**

> **违章描述**

110kV××变工程：110kV 间隔扩建作业，五防机显示的接地线编号与现场实际不符，存在误操作风险，反映出作业前检查不到位，未意识到后台与现场不一致引发的危险。（一般违章）

> **违章图片**

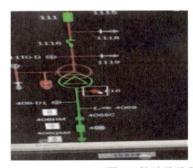 

图 2　接地线编号与现场实际不符

> **违反条款**

《国家电网有限公司防止电气误操作安全管理规定》4.3.4 防误装置不得影响所配设备的操作要求，并与所配设备的操作位置相对应。

> **防范措施**

一是加强一致性检查，作业前开展防误装置与所配设备的操作位置的一致性核查。二是定期开展专项排查，按照相关工作任务和时间节点开展一致性排查。

 **典型违章案例3：**

➢ **违章描述**

××抽水蓄能电站工程：爆破开挖施工作业，3 月 10 日站班会记录（票号为 2024-048）工作班成员王××未参与复工前安全教育培训，反映出施工单位人员管理失控，人员教育培训缺失，复工管理不到位。（一般违章）

➢ **违章图片**

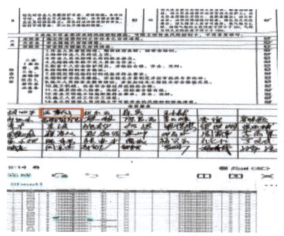

图 3　工作班成员王××未参与复工前安全教育培训

➢ **违反条款**

《国家电网有限公司电力建设安全工作规程　第 1 部分：变电》5.2.2 现场作业人员未经安全准入考试并合格；新进、转岗和离岗 3 个月以上电气作业人员，未经专门安全教育培训，并经考试合格上岗。

➢ **防范措施**

一是加强人员管控，落实复工五项基本条件，完成新入场人员安全教育培训，落实"严训、必考"要求。二是加强安全教育培训，利用复工复产专题学习日、收心会开展事故案例学习，安全警示教育等，不断培养和增强员工的安全意识，形成从"要我安全"到"我要安全"的意识转变。

**典型违章案例4：**

> **违章描述**

××110kV输变电工程：个别人员复工考试代考，项目部及分包人员为统一试卷，无针对性，考试未起到应有作用，反映出施工单位人员管理失控，人员教育培训缺失，复工管理不到位。（一般违章）

> **违章图片**

图4 人员复工考试代考，试卷无针对性

> **违反条款**

《国家电网有限公司电力建设安全工作规程 第1部分：变电》5.2.2现场作业人员未经安全准入考试并合格；新进、转岗和离岗3个月以上电气作业人员，未经专门安全教育培训，并经考试合格上岗。

> **防范措施**

一是加强人员管控，落实复工五项基本条件，新入场人员参与安全教育培训、考试后逐一销号。二是加强安全教育质量，分层级、分专业、分阶段开展事故案例学习，安全警示教育，确保一线作业人员入脑入心。

 **典型违章案例5：**

> **违章描述**

××变220kV间隔扩建工程：土建施工作业，专责监护人多次离开监护范围，兼做其他工作，存在缺少作业监护风险，引发安全事故的风险，反映出施工单位作业组织不力，人员配备不足，安全交底缺失，专责监护人安全意识欠缺。（一般违章）

> ➤ **违章图片**

图5　专责监护人多次离开监护范围，兼做其他工作

> ➤ **违反条款**

《国家电网公司电力安全工作规程变电部分》6.5.3 专责监护人不得兼做其他工作。专责监护人临时离开时，应通知被监护人员停止工作或离开工作现场，待专责监护人回来后方可恢复工作。若专责监护人必须长时间离开工作现场时，应由工作负责人变更专责监护人，履行变更手续，并告知全体被监护人员。

> ➤ **防范措施**

一是合理制定施工计划，根据施工计划提供相应的劳动力需求以满足当日作业需要。二是加强事前安全交底，每日站班会对本次作业的安全措施和注意事项逐一开展交底，向专责监护人布置监护任务，并在工作票中进行明确。三是加强过程安全检查，施工单位安全管理人员、现场监理人员要加强作业过程中的安全巡视，发现专责监护人离岗或兼做其他工作时及时制止并整改。

 **典型违章案例6：**

> ➤ **违章描述**

××抽水蓄能电站工程：洞室及道路施工作业，安全技术交底内容不全面，未包括作业存在的风险及防控措施，反映出施工单位安全交底缺失，未对危险

因素、施工方案、规范标准、操作规程和应急措施进行全面交底。（一般违章）

➢ **违章图片**

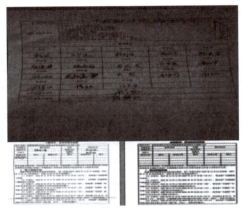

图 6    安全技术交底内容不全面

➢ **违反条款**

《建筑施工安全检查标准》3.1.3.3 安全技术交底（3）安全技术交底应结合施工作业场所状况、特点、工序对危险因素、施工方案、规范标准、操作规程和应急措施进行交底。

➢ **防范措施**

一是加强风险辨识，严格执行初勘、复勘制度，对作业条件、环境、危险点进行全面的辨识评估。二是加强安全技术交底，针对辨识的风险制定全面可靠的防控措施，进行专项安全交底，并在站班会前再次宣贯，确保作业人员了解风险防控和自救措施。

 **典型违章案例7：**

➢ **违章描述**

××110kV 输变电工程：劳务分包合同中错误约定由分包单位提供小型施工机具和辅助设备材料（现场实际由承包单位提供小型施工机具和辅助设备材料）。存在使用不合格工器具及材料风险，反映出施工单位合同审查不到位，前期策划组织不严谨。（一般违章）

26

➢ **违章图片**

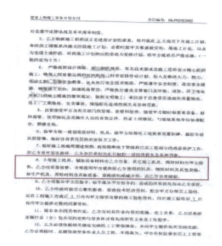

图 7　劳务分包合同中错误约定由分包单位提供小型施工机具和辅助设备材料

➢ **违反条款**

《国家电网有限公司业务外包安全监督管理办法》第四十三条：采取劳务外包或劳务分包的项目，所需施工作业安全方案、工作票（作业票）、机具设备及工器具等应由发包方负责，并纳入本单位班组统一进行作业的组织、指挥、监护和管理。

➢ **防范措施**

一是加强事前文件审查，总包单位、监理单位应审查施工分包合同，避免出现劳务施工单位提供小型施工机具和辅助设备材料等违反国家法律法规的描述。二是加强过程安全检查，施工单位安全管理人员、现场监理人员要加强安全巡视，确保组织策划中的相关要求执行落地。

### 3.1.2　作业票（工作票）、勘察记录

 **典型违章案例1：**

➢ **违章描述**

××220kV 变电站主变扩建工程：电容器基础施工作业，工作票中的两名作业人员离场未在工作票中登记，反映出施工单位人员管控不到位，工作票填

写不细致。（一般违章）

➢ **违章图片**

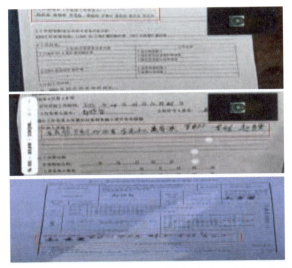

图 8　工作票中的两名作业人员离场未在工作票中登记

➢ **违反条款**

《国家电网公司电力安全工作规程（变电部分）》6.3.8.7 需要变更工作班成员时，应经工作负责人同意，在对新的作业人员进行安全交底手续后，方可进行工作。

➢ **防范措施**

一是加强人员管控，落实人员迁入、迁出相关管理制度。二是加强典型工作票学习，工作负责人应及时履行工作班成员变动手续，并在工作票中体现。

 **典型违章案例2：**

➢ **违章描述**

220kV××变电工程：改造作业，现场为运行变电站勘察记录未对人员触电、误入带电间隔风险进行辨识，存在触电伤人风险，反映出参建单位前期勘察不到位，工作票安全措施落实不全面。（一般违章）

> ➤ **违章图片**

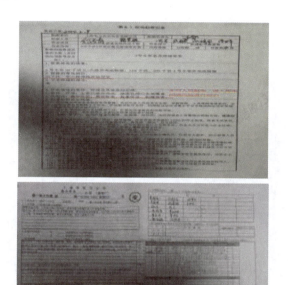

图 9　勘察记录未对人员触电、误入带电间隔风险进行辨识

> ➤ **违反条款**

《国家电网有限公司作业安全风险管控工作规定》第二十八条作业评估定级结果应在作业计划内发布，辨识分析出的危险因素应填入作业文件（包括但不限于工作票、作业票、"三措一案"等）作为风险管控措施制定的前提和依据。

> ➤ **防范措施**

一是加强风险辨识，严格执行勘察制度，对作业条件、环境、危险点进行全面的辨识评估。二是加强安措落实，根据勘察结果制定针对性安全措施，审批后遵照执行。三是加强过程安全检查，施工单位安全管理人员、现场监理人员要加强作业前的安措落实和过程中的安全巡视，发现安全隐患及时督促整改。

 **典型违章案例3：**

> ➤ **违章描述**

500kV××变电站 66kV 动态无功补偿装置新增工程：土建施工作业，运

29

维人员未参加现场勘察，存在不了解相关设备运行情况，引发设备故障的风险，反映出施工单位相关勘察要求落实不到位。（一般违章）

> **违章图片**

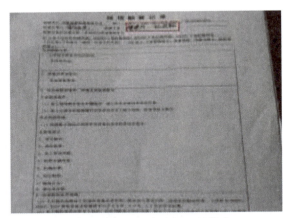

图 10　运维人员未参加现场勘察

> **违反条款**

《变电现场作业安全风险管控工作规定》四、现场勘察组织 2.勘察人员Ⅳ、Ⅴ级检修由工作负责人或工作票签发人组织开展，运维单位和作业单位相关人员参加。

> **防范措施**

一是落实勘察要求，根据《变电现场作业安全风险管控工作规定》，相关人员必须全员参加作业前现场勘察工作。二是加强风险、环境和作业条件辨识，根据勘察结果制定详尽的方案和安全措施并遵照执行。

 **典型违章案例4：**

> **违章描述**

××抽水蓄能电站工程：动火执行人李××作业当日站班会未见签字记录，且动火作业票对应施工作业票编号未填写，反映出施工单位人员管控不到位，班前交底流于形式，工作票填写不细致。（一般违章）

> 违章图片

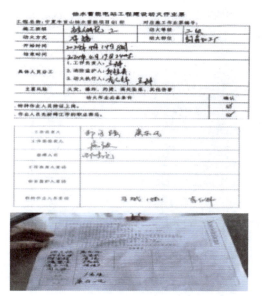

图 11　动火执行人李××作业当日站班会未见签字记录

> 违反条款

《国家电网有限公司电力建设安全工作规程抽水蓄能电站部分（试行）》
5.4.1.4 每班次作业前，工作负责人、安全监护人应检测现场是否具备作业条件，
组织作业人员开展站班会，交代作业工序的安全风险及控制措施，填写每日站
班会及风险控制措施检查记录表，并组织当班作业人员全员签字。

> 防范措施

一是加强人员管控，切实开展班前交底工作，人员接受交底后逐一签名。
二是加强典型工作票学习，工作负责人应按照典型工作票管理办法，加强工作
票关键信息的填写，监理单位应做好工作票审查工作。

 **典型违章案例5：**

> 违章描述

××抽水蓄能电站工程：下水库大坝溢流面裂缝消缺作业，勘察单危险点
辨识中辨识出大坝溢流风险，工作票与日风险预控单未体现大坝溢流风险辨识

和预控措施，存在风险控制措施未落实的风险，反映出现场风险管理缺失，安全措施制定不全面。（一般违章）

➢ **违章图片**

图 12 工作票与日风险预控单未体现大坝溢流风险辨识和预控措施

➢ **违反条款**

《国家电网有限公司作业安全风险管控工作规定》第二十三条作业风险辨识应坚持"全员、全过程、全方位、全天候"原则，涵盖生产施工作业的全周期和全要素，从人身、电网、设备、网络信息、客户停电及环境气候等维度，全面准确地识别各类风险因素。

➢ **防范措施**

一是加强风险辨识，严格执行初勘、复勘制度，对作业条件、环境、危险点进行全面的辨识评估。二是加强安措落实，根据勘察结果制定针对性安全措施，宣贯交底后遵照执行。三是强化安全教育，落实安全教育重点内容"三必学"，重要人员"四必训"，抓实风险管控重点内容"三必考"，现场管控"四必问"。

 **典型违章案例6：**

➢ **违章描述**

××500kV 变电站扩建工程：运行变电站内吊装作业，吊车司机未参加现场勘察，且未附图说明行车路线，存在现场勘察不到位风险，施工单位相关勘察要求落实不到位，运行站内使用大型机械的风险意识欠缺。（一般违章）

➢ **违章图片**

图 13　吊车司机未参加现场勘察

➢ **违反条款**

《国家电网有限公司关于进一步加强生产现场作业风险管控工作的通知》附件 2 变电现场作业风险管控实施细则（试行）（四）现场勘察组织：邻近带电设备的起重作业，起重指挥和司机应一同参加。

➢ **防范措施**

一是落实勘察要求，根据《变电现场作业安全风险管控工作规定》，相关人员必须全员参加作业前现场勘察工作。二是加强风险、环境和作业条件辨识，根据勘察结果制定详尽的方案和安全措施并遵照执行。

### 3.1.3　施工方案、施工三措

 **典型违章案例1：**

➢ **违章描述**

××750kV 变电站新建工程：现场建筑物施工方案专项作业风险定级错误，4、5 级风险被定级为 1、2 级。存在风险辨识不全面、控制措施不完善的风险，反映方案编审批流于表面，交底缺失，层层把关不严。（一般违章）

➢ **违章图片**

图 14 施工方案专项作业风险定级错误

➢ **违反条款**

《输变电工程建设施工安全风险管理规程》附录 H 输变电工程风险基本等级表，风险编号 02020101：开挖深度在 3m 以内的基坑挖土（不含 3m）的风险等级为 4 级；风险编号 02020401：混凝土、砂浆搅拌及浇筑的风险等级为 5 级。

➢ **防范措施**

一是加强方案审批，落实方案编审批要求，层层把关，监理单位应及时提出文件审查意见，督促施工单位逐项销号。二是加强方案交底，依据设计单位提供的风险清册，明确相应风险等级，加强方案交底工作。三是加强文件学习，参建单位要及时收集上级文件，利用例会等形式做好宣贯学习。

 **典型违章案例2：**

➢ **违章描述**

××间隔扩建工程："三措一案"（专项）施工方案审批意见未填写。存在安全管控措施不到位风险，反映出项目参建单位对工前方案审查浮于表面，未根据现场实际对工法工艺提出具体审批意见。（一般违章）

> ➤ **违章图片**

图 15　施工方案审批意见未填写

> ➤ **违反条款**

《国家电网有限公司作业安全风险管控工作规定》第二十五条作业风险评估定级完成后，作业单位应根据现场勘察结果和风险评估定级的内容制定管控措施，编制审批"两票""三措一案"。

> ➤ **防范措施**

一是加强方案编制质量，结合前期现场勘察记录，针对工程环境结构特点，编制针对性的施工方案，指导施工现场作业。二是加强方案审核把关，监理单位、建设单位应对方案进行层层把关，根据作业实际提出文件审查意见，敦促施工单位严格按照方案施工。

 **典型违章案例3：**

> ➤ **违章描述**

××110kV 变电站新建工程：挡土墙施工作业，挡土墙施工方案编制时间早于初勘时间，存在方案不贴合现场实际风险，反映出参建单位方案审查不到位，相关安全措施制定不全面，缺乏针对性。（一般违章）

> 违章图片

图 16 施工方案编制时间早于初勘时间

> 违反条款

《国家电网有限公司作业安全风险管控工作规定》第 25 条：作业风险评估定级完成后，作业单位应根据现场勘察结果和风险评估定级的内容制定管控措施，编制审批"两票""三措一案"。

> 防范措施

一是严格执行编制顺序，落实初勘、复勘制度，对作业条件、环境、危险点进行全面的辨识评估后编制施工方案。二是加强方案审批，落实方案逐级审批制度，重点检查时间逻辑、作业环境、危险点、安全措施落实等关键内容。

 **典型违章案例4：**

> 违章描述

××抽水蓄能电站工程：房建脚手架专项施工方案报审材料未经总监审查签署意见，反映方案编审批流于表面，交底缺失，层层把关不严。（一般违章）

➤ **违章图片**

图 17　专项施工方案报审材料未经总监审查签署意见

➤ **违反条款**

《建设工程监理规范》5.5.3 项目监理机构应审查施工单位报审的专项施工方案，符合要求的，应由总监理工程师签认后报建设单位。

➤ **防范措施**

一是加强方案审批，落实方案编审批要求，层层把关，监理单位应及时提出文件审查意见，督促施工单位逐项销号。二是加强档案管理，参建单位做好档案组卷归集整理，确保已执行的方案经过审批和交底。

 **典型违章案例5：**

➤ **违章描述**

××抽蓄电站上库大坝面板浇筑：《上水库大坝面板混凝土施工安全专项方案》滑模台车卷扬机受力计算书中摩擦系数取值有误，虽经核算满足稳定要求，但将卷扬机基座与垫有枕木的摩擦系数，误取为与坝体堆石料之间的摩擦系数，存在计算结果错误导致风险失控，反映方案编审批流于表面，层层把关不严。（一般违章）

➢ **违章图片**

图 18　摩擦系数取值有误，存在计算结果错误导致风险失控

➢ **违反条款**

《电力建设工程施工安全管理导则》12.5.4 工艺技术要求、质量技术要求、安全保证措施、环境卫生要求等内容应有针对性、可操作性，满足风险控制需要，符合技术规范强制性条文要求。

➢ **防范措施**

一是严格执行编制顺序，对作业条件、环境、危险点进行全面的辨识评估后编制施工方案。二是加强方案审批，落实方案逐级审批制度，重点检查时间逻辑、作业环境、危险点、计算书、安全措施落实等关键内容。

### 3.1.4　安全工器具、施工机具

 **典型违章案例1：**

➤ **违章描述**

××35kV 变电站主变增容改造工程：基础施工作业，作业现场多名施工作业人员未佩戴安全帽，存在物体打击伤人风险，反映出施工单位工前安全交底不到位，现场作业人员缺乏自身保护意识。（一般违章）

➤ **违章图片**

图 19　作业现场多名施工作业人员未佩戴安全帽

➤ **违反条款**

《国家电网有限公司电力建设安全工作规程　第 1 部分：变电》6.1.3 进入施工现场的人员应正确佩戴安全帽，根据作业工种或场所需要选配个体防护装备。施工作业人员不得穿拖鞋、凉鞋、高跟鞋，以及短袖上衣、短裤、裙子等进入施工现场。不得酒后进入施工现场。与施工无关的人员未经允许不得进入施工现场。

➤ **防范措施**

一是加强事前安全交底，每日站班会对本次作业的安全措施和注意事项逐一开展交底、问询，确保作业人员知晓。二是做好安全工器具管理，为施工人员配备合格的安全工器具并建立相应台账，执行领用发放制度。三是加强过程

输变电工程典型违章案例

安全巡查，施工单位安全管理人员、现场监理人员要加强安全巡视，督促作业人员正确规范使用安全工器具。

### 典型违章案例2：

➤ **违章描述**

××110kV 变电工程：间隔扩建作业，施工现场使用的合成纤维吊装带无额定载荷标识，存在断裂伤人风险，反映出施工单位施工机具管理不到位，现场作业人员吊装作业安全意识薄弱。（一般违章）

➤ **违章图片**

图 20　合成纤维吊装带无额定载荷标识

➤ **违反条款**

《国家电网有限公司电力建设安全工作规程　第 1 部分：变电》（Q/GDW 11957.1—2020）第 8.3.4.1 条：合成纤维吊装带、棕绳和化纤绳等应选用符合标准的合格产品。各种纤维绳（含棕绳及化纤绳）的安全系数不得小于 5，合成纤维绳吊装带的安全系数不得小于 6。

➤ **防范措施**

一是加强施工机具管理，施工单位要建立管理台账，选用检验合格且在效期内的机具进行使用。二是加强作业前检查，利用站班会开展安全交底，并对当日选用的施工机具开展专项检查。三是加强过程安全检查，施工单位安全管理人员、现场监理人员要安全巡视，发现所用施工机具不合格现象后要第一时间予以制止，并更换合格产品。

40

**典型违章案例3：**

➢ **违章描述**

××66kV 变电站工程：事故油池基础作业，作业人员使用的手持砂轮机无防护罩，存在盘片伤人风险，反映出施工单位施工机具管理不到位，现场作业人员切割打磨作业安全意识薄弱。（一般违章）

➢ **违章图片**

图 21　作业人员使用的手持砂轮机无防护罩

➢ **违反条款**

《国家电网公司电力安全工作规程（变电部分）》16.4.1.8 砂轮应进行定期检查。砂轮应无裂纹及其他不良情况。砂轮应装有用钢板制成的防护罩，其强度应保证当砂轮碎裂时挡住碎块。防护罩至少要把砂轮的上半部罩住。

➢ **防范措施**

一是加强施工机具管理，施工单位应做好施工机具的发放工作，选用检验合格且在效期内的使用。二是加强作业前检查，利用站班会开展安全交底，并对当日选用的施工机具开展专项检查。三是加强过程安全检查，施工单位安全管理人员、现场监理人员要安全巡视，发现所用违规使用施工机具后要第一时间予以制止，并更换合格产品。

**典型违章案例4：**

➤ **违章描述**

××220kV 变电站增容改造工程：设备、设施拆除作业，作业人员戴手套抡大锤，且挥动方向有人，存在脱手打击伤人风险，反映出施工单位工前安全交底不到位，现场作业人员缺乏自身保护意识。（一般违章）

➤ **违章图片**

图 22　作业人员戴手套抡大锤

➤ **违反条款**

《国家电网有限公司电力建设安全工作规程　第 1 部分：变电》8.3.17.6 打锤时，握锤的手不得戴手套，挥动方向不得对人。

➤ **防范措施**

一是加强事前安全交底，每日站班会对本次作业的安全措施和注意事项逐一开展交底、问询，确保作业人员知晓。二是加强过程安全巡查，施工单位安全管理人员、现场监理人员要加强安全巡视，督促作业人员正确规范使用施工工器具。

 **典型违章案例5：**

➤ **违章描述**

××750kV 变电站 3 号主变扩建工程：模板安装施工作业，现场使用的安全带未见预防性试验合格标识，存在失效伤人风险，反映出施工单位安全工器

具管理不到位，现场作业人员安全意识薄弱。（一般违章）

➢ **违章图片**

图 23　现场使用的安全带未见预防性试验合格标识

➢ **违反条款**

《国家电网有限公司电力安全工器具管理规定》第二十六条安全工器具经预防性试验合格后，应由检测机构在合格的安全工器具上（不妨碍绝缘性能、使用性能且醒目的部位）牢固粘贴"合格证"标签或电子标签，同时出具检测报告。

➢ **防范措施**

一是做好安全工器具管理，为施工人员配备合格的安全工器具并建立相应台账，执行领用发放制度。二是做好班前专项检查，对于当日施工作业所采用的安全工器具进行班前检查，确保检验合格且在效期内。三是加强安全警示教育，高处作业人员必须学习安规重点内容、事故案例警示和典型常发违章。四是过程安全巡查，施工单位安全管理人员、现场监理人员要加强安全巡视，督促作业人员正确规范使用安全工器具。

 **典型违章案例6：**

➢ **违章描述**

××330kV 输变电工程：锚杆施工作业，辅助绝缘手套进行预防性试验时

检测依据不符合相关规定，存在失效触电风险，反映出施工单位安全工器具管理不到位，现场作业人员安全意识薄弱。（一般违章）

➤ **违章图片**

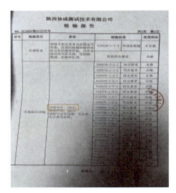

图 24　辅助绝缘手套进行预防性试验时检测依据不符合相关规定

➤ **违反条款**

《国家电网有限公司电力安全工器具管理规定》第二十六条：安全工器具经预防性试验合格后，应由检测机构在合格的安全工器具上（不妨碍绝缘性能、使用性能且醒目的部位）牢固粘贴"合格证"标签或电子标签，同时出具检测报告。预防性试验报告和合格证内容、格式应符合相关标准要求。

➤ **防范措施**

一是做好安全工器具管理，为施工人员配备合格的安全工器具并建立相应台账，执行领用发放制度。二是做好审查把关，监理单位要严格审查施工作业所报审的安全工器具，确保检验项目齐全，检验合格且在效期内。

 **典型违章案例7：**

➤ **违章描述**

××500kV 变电站主变扩建工程：土建施工作业，吊车操作人员未佩戴安全帽，吊车未设置接地线，存在触电和打击伤人风险，反映出施工单位安规制度宣贯不到位，工前安全交底浮于表面，现场作业人员缺乏自身保护意识，工作时心存侥幸。（一般违章）

➤ 违章图片

图 25　吊车操作人员未佩戴安全帽，吊车未设置接地线

➤ **违反条款**

《国家电网有限公司电力建设安全工作规程　第 1 部分：变电》6.1.3 进入施工现场的人员应正确佩戴安全帽，根据作业工种或场所需要选配个体防护装备。7.3.20 起重机在作业时，车身应使用截面积不小于 16mm$^2$ 软铜线可靠接地。

➤ **防范措施**

一是加强人员进场管控，针对临时性、间歇性进场作业的人员加强准入资质的审查。二是加强事前安全教育，利用安全日和站班会等形式常态化开展安全教育，作业前加强本次作业安全措施的现场交底。三是加强过程安全检查，施工单位安全管理人员、现场监理人员要加强旁站和安全巡视，发现违章现象后要第一时间予以制止。四是刚性执行奖惩制度，针对安全意识薄弱且屡教不改人员按照奖惩措施予以惩戒。

 **典型违章案例8：**

➤ **违章描述**

××500kV 变电站主变扩建工程：土建施工作业，现场使用的吊带破损严重，吊带使用时拧扭，存在吊物脱落打击风险，反映出施工单位工前安全交底浮于表面，起重器具管理缺失，工作时心存侥幸。（一般违章）

➤ **违章图片**

图 26  吊带使用时拧扭

➤ **违反条款**

《国家电网有限公司电力建设安全工作规程  第 1 部分：变电》8.3.4.2a）使用前应对吊装带进行检查，表面不得有横向、纵向擦破或割口、软环及末端件损坏等情况。损坏严重者应作报废处理。8.3.4.2c）吊装带不得拖拉、打结使用，有载荷时不得转动货物使吊带扭拧。

➤ **防范措施**

一是加强施工机具管理，施工单位应选用检验合格且在效期内的起重机具进行使用并做好进场前的报审和安全协议签订。二是加强作业前检查，利用站班会开展安全交底，并对当日选用的起重机具开展专项检查，监理人员落实安全检查签证，对起重机械进行外观、工况性能等检查。三是加强过程安全检查，施工单位安全管理人员、现场监理人员要安全巡视，发现违规使用起重机具后要第一时间予以制止。

 **典型违章案例9：**

➤ **违章描述**

110kV××站 2 号主变扩建工程：土建作业，检测合格的绝缘手套未粘贴"合格证"标签，反映出施工单位安全工器具管理不到位。（一般违章）

> 违章图片

图 27 绝缘手套未粘贴"合格证"标签

> 违反条款

《国家电网有限公司电力安全工器具管理规定》第二十六条：安全工器具经预防性试验合格后，应由检测机构在合格的安全工器具上（不妨碍绝缘性能、使用性能且醒目的部位）牢固粘贴"合格证"标签或电子标签，同时出具检测报告。预防性试验报告和合格证内容、格式应符合相关标准要求。

> 防范措施

一是做好安全工器具管理，为施工人员配备合格的安全工器具并建立相应台账，执行领用发放制度。二是做好班前专项检查，对于当日施工作业所采用的安全工器具进行班前检查，确保检验合格在效期内并粘贴检验标签。

 典型违章案例10：

> 违章描述

××330kV变电站工程：土建焊接作业，电焊机采用缠绕的方法接地，存在触电风险，反映出施工单位临时用电管理缺失，现场焊接作业人员缺乏自身保护意识，工作时心存侥幸。（一般违章）

> 违章图片

图 28　电焊机采用缠绕的方法接地

> ➤ **违反条款**

《国家电网公司电力安全工作规程（变电部分）》7.4.10 接地线应使用专用的线夹固定在导体上，禁止用缠绕的方法进行接地或短路。

> ➤ **防范措施**

一是加强事前安全教育，作业前开展临时用电的安全交底，做好安全用电宣贯。二是加强安全巡视，管理人员应在巡查过程中加强施工机具临时接地的安全检查，发现接地不可靠现象后要第一时间予以制止。

 **典型违章案例11：**

> ➤ **违章描述**

××330kV 变电工程：综合配电楼设备吊装作业，现场使用的吊装带超出检测周期，存在断裂伤人风险，反映出施工单位施工机具管理不到位，现场作业人员起重作业安全意识薄弱。（一般违章）

> ➤ **违章图片**

图 29　现场使用的吊装带超出检测周期

➢ **违反条款**

《国家电网有限公司电力建设安全工作规程（变电部分）》附录 E：起重机具检查和试验的周期及要求。

➢ **防范措施**

一是加强施工机具管理，施工单位应建立相关台账定期梳理，选用检验合格且在效期内的施工机具进行使用。二是加强作业前检查，利用站班会开展安全交底，并对当日选用的起重机具开展专项检查。三是加强过程安全检查，施工单位安全管理人员、现场监理人员要安全巡视，发现违规使用未经检测或超出效期的施工机具后应第一时间予以制止。

 **典型违章案例12：**

➢ **违章描述**

××110kV 变电站工程：土建施工作业，现场使用手动液压叉车无检验合格标志且未报审，存在机械伤人风险，反映出施工单位对施工机械管理不到位，作业人员缺乏自身保护意识。（一般违章）

➢ **违章图片**

图 30　现场使用手动液压叉车无检验合格标志且未报审

➢ **违反条款**

《国家电网有限公司电力建设安全工作规程　第 1 部分：变电》5.1.3 相关机械、工器具应经检验合格，通过进场检查，安全防护设施及防护用品配置齐全、有效。

> **防范措施**

一是做好施工机具管理，为施工人员配备合格的施工机具并建立相应台账。二是做好审查把关，监理单位要严格审查施工单位所报审的施工机具，确保检验项目齐全，检验合格且在效期内。三是加强过程安全巡查，施工单位安全管理人员、现场监理人员要加强安全巡视，督促作业人员使用合格的施工机具。

### 典型违章案例13：

> **违章描述**

××数据中心二期基建工程：土建施工作业，现场使用的梯子无防滑措施，无限高标记，存在高处坠落风险，反映出施工单位对安规制度宣贯学习不到位，工前安全交底浮于表面，现场作业人员缺乏自身保护意识，工作时心存侥幸。（一般违章）

> **违章图片**

图 31　梯子无防滑措施，无限高标记

> **违反条款**

《国家电网有限公司电力建设安全工作规程　第 1 部分：变电》8.4.4.1 梯子要求 e）梯子应放置稳固，梯脚要有防滑装置。使用前，应先进行试登，确认可靠后方可使用。有人员在梯子上作业时，梯子应有人扶持和监护。

> **防范措施**

一是做好施工机具管理，为施工人员配备合格的施工机具并建立相应台账。二是做好审查把关，监理单位要严格审查施工单位所报审的施工机具，确保检验项目齐全，检验合格且在有效期内。三是开展定期专项检查，施工单位安全管理人员、现场监理人员要结合日常巡查开展定期专项检查，对于不满足安规使用要求的施工机具做好退场处理。

 **典型违章案例14：**

➢ **违章描述**

××110kV 输变电工程：材料站圆盘锯未设防护罩，存在机械伤人风险，反映出施工单位对安规制度宣贯学习不到位，现场作业人员缺乏自身保护意识，工作时心存侥幸。（一般违章）

➢ **违章图片**

图 32　材料站圆盘锯未设防护罩

➢ **违反条款**

《国家电网有限公司电力建设安全工作规程　第 1 部分：变电》8.3.8.2 电动工器具使用前应检查下列各项：g）机械防护装置完好。

➢ **防范措施**

一是加强施工机械管理，作业完成后应将机械防护装置归位并断电。二是加强过程安全检查，施工单位安全管理人员、现场监理人员要加强作业过程中的安全巡视和作业完成后的收工检查。

**典型违章案例15:**

  ➤ **违章描述**

500kV××变电站 2 号主变更换工程：土建施工作业，使用中的卸扣横向受力，存在断裂风险，反映出施工单位施工工器具管理不到位，现场作业人员作业安全意识薄弱。（一般违章）

  ➤ **违章图片**

图 33  使用中的卸扣横向受力

  ➤ **违反条款**

《国家电网有限公司电力建设安全工作规程  第 1 部分：变电》8.3.6.2 使用中的卸扣不得横向受力。

  ➤ **防范措施**

一是做好安全教育工作，起重作业人员应作为关键人员开展培训，针对典型常发违章进行作业前宣贯，使其熟知岗位风险情况。二是加强过程安全巡查，施工单位安全管理人员、现场监理人员要加强安全巡视，合理布置卸扣位置，避免横向受力。

 **典型违章案例16:**

  ➤ **违章描述**

××抽水蓄能电站工程：下水库大坝溢流面裂缝消缺作业，吊篮经过了自验收，但未经过建设单位、总包单位、具有资质的检验单位三方验收，存在施工工器具不合格风险，反映出施工单位施工工器具管理不到位，现场作业人员作业安全意识薄弱，工作时心存侥幸。（一般违章）

➤ **违章图片**

图 34　吊篮未经过建设单位、总包单位、具有资质的检验单位三方验收

➤ **违反条款**

《高处作业吊篮安装、拆卸、使用技术规程》5.3.2 安装单位自检合格后，由建设单位、总包单位、监理单位或具有资质的检验单位组织有关人员进行验收检查。

➤ **防范措施**

一是做好施工机具管理，为施工人员配备合格的施工工器具并建立相应台账。二是做好审查把关，监理单位要严格审查施工单位所报审的施工工器具，确保检验项目齐全，检验合格且在效期内。三是加强过程安全巡查，施工单位安全管理人员、现场监理人员要加强安全巡视，对未经检验的吊篮做退场处理。

 **典型违章案例17：**

➤ **违章描述**

××110kV 变电站工程：钢筋加工棚内的调直机在未使用状态下未断电；

且调直机未报审。存在触电、误动风险，反映出施工单位施工工器具管理不到位，现场作业人员作业安全意识薄弱，工作时心存侥幸。（一般违章）

➢ **违章图片**

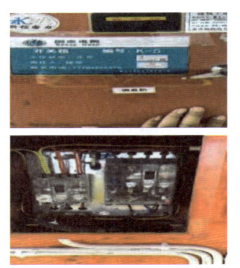

图 35　调直机在未使用状态下未断电，且未报审

➢ **违反条款**

《国家电网有限公司电力建设安全工作规程　第 1 部分：变电》8.3.8.7 电动机具的操作开关应置于操作人员伸手可及的部位。当休息、下班或作业中突然停电时，应切断电源侧开关。

《国家电网有限公司施工项目部标准化管理手册变电工程分册》SAQB2 主要施工机械/工器具/安全防护用品（用具）报审表填写、使用说明（1）施工项目部在开工准备时，或拟补充进场主要施工机械/工器具/安全防护用品（用具）时，应将机械、工器具、安全防护用品（用具）的清单及检验、试验报告、安全准用证等监理项目部审查。

➢ **防范措施**

一是加强施工机械管理，监理单位应严格审查主要施工机械/工器具/安全防护用品（用具）报审表，严禁不合格或未报审的施工机械进场使用。二是加强收工后安全检查，作业完成后应将机械防护装置归位并断电。

### 3.1.5 高处作业

 **典型违章案例1：**

> **违章描述**

××110kV 变电站工程：土建施工作业，高空作业车移动时，作业平台未复位，且载有人员，存在高处坠落风险，反映出施工单位吸取事故教训不到位，工前安全交底浮于表面，现场高处作业人员缺乏自身保护意识，工作时心存侥幸。（一般违章）

> **违章图片**

图 36 高空作业车移动时作业平台未复位且载有人员

> **违反条款**

《国家电网公司电力安全工作规程（变电部分）》18.1.18 利用高空作业车、带电作业车、叉车、高处作业平台等进行高处作业时，高处作业平台应处于稳定状态，需要移动车辆时，作业平台上不得载人。

> **防范措施**

一是加强事前安全教育，结合站班会开展"震撼式"安全教育，作业负责人带领作业人员观看事故或违章案例视频，加强本次作业安全措施的现场交底，特别强调高处作业相关安全事项。二是加强安全工器具配备，施工单位应为现场配备数量足够且合格的高处作业安全工器具，并就安全工器具使用开展交底培训，确保作业人员掌握正确使用方法。三是加强过程安全检查，施工单位安全管理人员、现场监理人员要加强旁站和安全巡视，发现作业平台载人移动现象后要第一时间予以制止。

### 典型违章案例2：

> **违章描述**

××500kV变电站新建工程：土建施工作业，高处工作人员多次抛掷钢管，且下方作业面有人，存在打击伤人风险，反映出施工单位对安规制度宣贯学习不到位，工前安全交底浮于表面，工作时心存侥幸。（一般违章）

> **违章图片**

图37　高处工作人员多次抛掷钢管

> **违反条款**

《国家电网有限公司电力建设安全工作规程　第1部分：变电》7.1.24 交叉作业时，作业现场应设置专责监护人，上层物件未固定前，下层暂停作业。工具、材料、边角预料等不得上下抛掷。不得在吊物下方接料或停留。

> **防范措施**

一是加强事前安全教育，结合站班会开展"震撼式"安全教育，作业负责人带领作业人员观看事故或违章案例视频，加强本次作业安全措施的现场交底，特别强调高处作业相关安全事项。二是加强过程安全检查，施工单位安全管理人员、现场监理人员要加强旁站和安全巡视，发现高空抛物现象后要第一时间予以制止。

## 3.1.6　起重作业

 **典型违章案例1：**

> **违章描述**

××主变扩建工程：主变基础作业，现场吊车吊钩无限位器，操作室未铺设绝缘垫，使用的支腿垫木长度不足 1.2m，存在吊绳过卷扬、吊车倾覆和感应电的风险，反映出现场起重工器具管控严重缺失，吊车进场检查流于形式。（一般违章）

> **违章图片**

图 38　现场吊车吊钩无限位器，操作室未铺设绝缘垫，使用的支腿垫木长度不足 1.2m

> **违反条款**

《国家电网有限公司电力建设安全工作规程　第 1 部分：变电》7.3.7 起重机

械的各种监测仪表以及制动器、限位器、安全阀、闭锁机构等安全装置应完好齐全、灵敏可靠，不得随意调整或拆除。不得利用限制器和限位装置代替操纵机构。

《输变电工程建设施工安全风险管理规程》表 H.4 架空线路工程流动式起重机立塔（10）起重机作业位置的地基稳固，附近的障碍物清除。衬垫支腿枕木不得少于两根且长度不得小于 1.2m。

《国家电网公司电力安全工作规程变电部分》17.2.1.2 起重机上应备有灭火装置，驾驶室内应铺橡胶绝缘垫，禁止存放易燃物品。

➢ **防范措施**

一是加强起重机械进场管理，施工单位应规范报审起重机械租赁合同、安全协议等，对大型施工机械进出场提前报备。二是加强起重机械安全检查签证，监理单位应执行安全检查签证制度，落实监理把关责任。三是加强过程安全检查，施工单位安全管理人员、现场监理人员要加强起重、吊装作业过程中的安全巡视。

 **典型违章案例2：**

➢ **违章描述**

110kV××变电站新建工程：土建施工作业，吊车支腿地基不平整，钢板存在部分悬空现象，存在吊车倾覆风险，反映出施工单位对安规制度宣贯学习不到位，工前安全交底浮于表面，现场作业人员缺乏自身保护意识，工作时心存侥幸。（一般违章）

➢ **违章图片**

图 39　吊车支腿地基不平整

➤ **违反条款**

《输变电工程建设施工安全风险管理规程》（Q/GDW 12152—2021）表 H：404080307（10）起重机作业位置的地基稳固，附近的障碍物清除。衬垫支腿枕木不得少于两根且长度不得小于 1.2m。

《典型违章库–基建变电》第 72 条。

➤ **防范措施**

一是加强起重机械进场管理，施工单位应规范报审起重机械租赁合同、安全协议等，对大型施工机械进出场提前报备。二是加强起重机械安全检查签证，监理单位应执行安全检查签证制度，落实监理把关责任。三是加强过程安全检查，施工单位安全管理人员、现场监理人员要加强起重、吊装作业过程中的安全巡视。

 **典型违章案例3：**

➤ **违章描述**

××220kV 变电站扩建工程：土建施工作业，起吊使用的钢丝绳插接长度不足，存在断裂风险，反映出施工单位对安规制度宣贯学习不到位，工前安全交底浮于表面，现场起重作业人员缺乏自身保护意识，工作时心存侥幸。（一般违章）

➤ **违章图片**

图 40　起吊使用的钢丝绳插接长度不足

输变电工程典型违章案例

> **违反条款**

《国家电网有限公司电力建设安全工作规程　第 1 部分：变电》8.3.3.5 插接的环绳或绳套，其插接长度应不小于钢丝绳直径的 15 倍，且不得小于 300mm。

> **防范措施**

一是加强起重机械进场管理，施工单位应规范报审起重机械租赁合同、安全协议等，对大型施工机械进出场提前报备。二是加强起重机械安全检查签证，监理单位应执行安全检查签证制度，落实监理把关责任。三是加强过程安全检查，施工单位安全管理人员、现场监理人员要加强起重、吊装作业过程中的安全巡视。

**典型违章案例4：**

> **违章描述**

××500kV 变电站新建工程：土建施工作业，吊车悬吊重物期间，驾驶人员离开驾驶室，存在吊物失控风险，反映出施工单位工前安全交底浮于表面，作业人员缺乏自身保护意识，工作时心存侥幸。（一般违章）

> **违章图片**

图 41　吊车悬吊重物期间，驾驶人员离开驾驶室

> **违反条款**

《国家电网公司电力安全工作规程（变电部分）》17.2.1.6 起吊重物不准让

其长期悬在空中。有重物悬在空中时，禁止驾驶人员离开驾驶室或做其他工作。

> ➤ **防范措施**

一是加强事前安全教育，结合站班会开展本次作业安全措施的现场交底，重点关注吊车司机等临时人员的安全交底情况。二是加强过程安全检查，施工单位安全管理人员、现场监理人员要加强起重、吊装作业过程中的安全巡视。

 **典型违章案例5：**

> ➤ **违章描述**

××110kV 变电工程：土建施工作业，起吊过程中卸扣横向受力，销轴扣在能活动的索具内，存在断裂脱落风险，反映出施工单位工前安全交底浮于表面，起重作业人员缺乏自身保护意识，工作时心存侥幸。（一般违章）

> ➤ **违章图片**

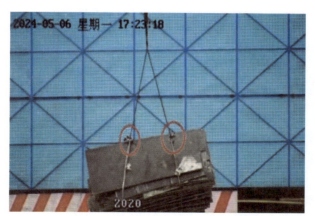

图 42　起吊过程中卸扣横向受力，销轴扣在能活动的索具内

> ➤ **违反条款**

《国家电网有限公司电力建设安全工作规程　第 1 部分：变电》8.3.6.2 使用中的卸扣不得横向受力。8.3.6.3 销轴不得扣在能活动的绳套或索具内。

> ➤ **防范措施**

一是加强事前安全教育，结合站班会开展本次作业安全措施的现场交底，重点加强司索工、信号工和吊车司机的安全教育。二是加强过程安全检查，施工单位安全管理人员、现场监理人员要加强起重作业过程中的安全巡视，吊起100mm 后应暂停，检查物件的平稳性、绑扎的牢固性，确认无误后方可继续起吊。

### 典型违章案例6：

> **违章描述**

220kV××变电站扩建工程：土建作业，使用脚手架起吊物品，存在吊物坠落伤人，架体坍塌风险，反映出施工单位对规章制度宣贯学习不到位，工前安全交底浮于表面，作业人员缺乏自身保护意识，工作时贪图便捷，心存侥幸。（一般违章）

> **违章图片**

图 43  使用脚手架起吊物品

> **违反条款**

《国家电网有限公司电力建设安全工作规程  第 1 部分：变电》10.3.4.5 脚手架上不得固定泵送混凝土和砂浆的输送管等；不得悬挂起重设备或与模板支架连接；不得拆除或移动架体上安全防护设施。

> **防范措施**

一是加强事前安全教育，结合站班会开展本次作业安全措施的现场交底，严禁在脚手架悬挂起重设备。二是加强过程安全检查，施工单位安全管理人员、现场监理人员要加强旁站和安全巡视，确保架体稳定、作业安全。

### 典型违章案例7：

➢ **违章描述**

××220kV变电站新建工程：配电室屋面施工及墙体粉刷作业，起重卷扬机安装在脚手架上，存在脚手架失稳风险，反映出施工单位对规章制度宣贯学习不到位，工前安全交底浮于表面，作业人员缺乏自身保护意识，工作时贪图便捷，心存侥幸。（一般违章）

➢ **违章图片**

图44 起重卷扬机安装在脚手架上

➢ **违反条款**

《国家电网有限公司电力建设安全工作规程 第1部分：变电》10.3.4.5脚手架上不得固定泵送混凝土和砂浆的输送管等；不得悬挂起重设备或与模板支架连接；不得拆除或移动架体上安全防护设施。

➢ **防范措施**

一是加强事前安全教育，结合站班会开展本次作业安全措施的现场交底，严禁在脚手架悬挂起重设备。二是加强过程安全检查，施工单位安全管理人员、现场监理人员要加强旁站和安全巡视，确保架体稳定、作业安全。

### 3.1.7 有限空间作业

**典型违章案例：**

➢ **违章描述**

××抽水蓄能电站：泄洪放空洞液压油站上移作业，泄洪放空洞已辨识为有限空间，内部需要进行搬运等工作，通往泄洪放空洞的楼梯入口处未设置临时围栏并悬挂"从此进出"标示牌，存在窒息中毒风险，反映出施工单位对"十不干"等规章制度宣贯学习不到位，工前安全交底浮于表面，有限空间作业人员缺乏自身保护意识，工作时心存侥幸。（一般违章）

➢ **违章图片**

图 45　楼梯入口处未设置临时围栏并悬挂"从此进出"标示牌

➢ **违反条款**

《国家电网有限公司有限空间作业安全工作规定》第二十四条有限空间作业过程中，还应同时遵守以下规定：（一）保持有限空间出入口畅通，并设置遮栏（围栏）和明显的安全警示标志及警示说明，夜间应设警示灯。

➢ **防范措施**

一是加强事前安全教育，结合站班会开展"震撼式"安全教育，作业负责人带领作业人员观看有限空间事故案例视频，并加强本次作业安全措施的现场交底。二是加强救生器材配备，施工单位应为现场配备数量足够且合格的通风、救援设备，针对救生设备开展使用培训，确保作业人员掌握正确使用方法。三是加强过程安全检查，施工单位安全管理人员、现场监理人员要加强旁站和安全巡视，督促现场做好气体检测和空间通风工作，确保作业安全。

### 3.1.8 临时用电和消防

 **典型违章案例1：**

➤ **违章描述**

××创新中心工程：土方开挖及基坑支护作业，配电箱内保护接地线采用缠绕方式未使用线鼻子螺栓连接。出线电缆紧邻四周敷设不严密，不符合有关敷设要求。临时配电箱底部未进行封堵，存在触电风险，反映出现场未按照方案规范布设临时用电，缺少用电安全意识，未按要求定期开展专项检查。（一般违章）

➤ **违章图片**

图46 配电箱内保护接地线采用缠绕方式未使用线鼻子螺栓连接，底部未进行封堵

➤ **违反条款**

《建设工程施工现场供用电安全规范》8.1.11 用电设备的保护导体（PE）不应串联连接，应采用焊接、压接、螺栓连接或其他可靠方法连接。

➤ **防范措施**

一是执行临时用电签证制度，监理单位应对临时用电签证签署检查意见，确保验收合格后投入使用。二是开展定期安全检查，每日开展临时用电漏保开关试跳，每月开展用电专项检查。三是加强安全巡视，施工项目部安全员、监理单位监理人员应在巡查过程中加强对临时用电的常规性检查。

**典型违章案例2：**

➤ **违章描述**

××变电站新建工程：配电装置楼作业，现场三级配电箱未上锁，且灭火器压力不足，存在误操作触电风险，反映出现场缺少用电、消防安全意识，未按要求定期开展专项检查。（一般违章）

➤ **违章图片**

图47 现场三级配电箱未上锁，且灭火器压力不足

➤ **违反条款**

《国家电网有限公司电力建设安全工作规程 第1部分：变电》6.5.6c）配电室和现场的配电柜或总配电箱、分配电箱应配锁具。

《国家电网有限公司消防安全监督检查工作规范》附录表（A.2）19.2 灭火器外观完好，型号标识应清晰、完整。储压式灭火器压力符合要求，压力表指针在绿区，在有效期内。

> **防范措施**

一是定期开展检查，每日开展临时用电漏保开关试跳，每月开展消防器材专项检查。二是加强安全巡视，管理人员应在巡查过程中加强对临时用电和消防器材的常规检查。

 **典型违章案例3：**

> **违章描述**

××220kV 变电站新建工程：土建作业，施工用电电源线在路面明设，车辆反复碾压，存在触电隐患，反映出现场未按照方案规范布设临时用电，缺少用电安全意识，未按要求定期开展专项检查。（一般违章）

> **违章图片**

图48　工用电电源线在路面明设

> **违反条款**

《国家电网有限公司电力建设安全工作规程　第 1 部分：变电》6.5.4 配电及照明要求：h 电缆线路应采用埋地或架空敷设，不得沿地面明设，并应避免机械损伤和介质腐蚀。电缆接头处应有防水和防触电的措施。

> **防范措施**

一是严格方案执行，严格按照审批后的临时用电施工方案对作业现场用电进行布置，投入使用前相关单位应开展联合验收，监理单位应出具安全检查签证意见。二是加强安全巡视，管理人员应在巡查过程中加强对临时用电的常规性检查。

**典型违章案例4：**

> **违章描述**

××35kV 变电站：改扩建工程作业，变电站检修电源箱总电源空开和部分分支空开未装设漏电保护器，存在触电风险，反映出现场临时用电管理失控，未按要求定期开展专项检查。（一般违章）

> **违章图片**

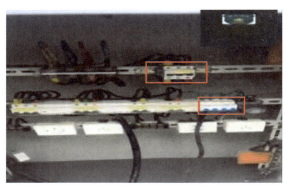

图 49　检修电源箱总电源空开和部分分支空开未装设漏电保护器

> **违反条款**

《国家电网有限公司电力建设安全工作规程　第 1 部分：变电》6.5.4 配电箱应根据用电负荷状态装设短路、过载保护电器和剩余电流动作保护装置（漏电保护器），并定期检查和试验。

> **防范措施**

一是严格方案执行，严格按照审批后的临时用电施工方案对作业现场用电进行布置，投入使用前相关单位应开展联合验收，监理单位应出具安全检查签证意见。二是加强安全管理，监理单位要督促施工切实每日开展漏电保护器试跳检查。

**典型违章案例5：**

➢ **违章描述**

××220kV 变电站新建工程：加工区作业现场灭火器失效，检查人员未能认真履行职责，存在火灾风险，反映出施工单位消防管理缺失，作业人员安全意识薄弱。（一般违章）

➢ **违章图片**

图 50　加工区作业现场灭火器失效

➢ **违反条款**

《国家电网有限公司电力建设安全工作规程　第 1 部分：变电》6.6.1.1 施工现场、仓库及重要机械设备、配电箱旁生活和办公区等应配置相应的消防器材。

➢ **防范措施**

一是定期开展检查，每月开展消防器材专项检查。二是加强安全巡视，管理人员应在巡查过程中加强对消防器材的常规检查。三是开展消防应急宣传，安全日期间开展消防教育学习，播放火灾视频，开展应急演练，增强员工安全意识。

 **典型违章案例6：**

➢ **违章描述**

110kV××2 号主变扩建工程：土建作业，施工电源箱支路无漏电保护器，且施工机具电源引出线在电源箱内未接地，存在触电风险，反映出现场临时用电管理失控，未按要求定期开展专项检查。（一般违章）

> ➤ **违章图片**

图 51　施工电源箱支路无漏电保护器，且施工机具电源引出线在电源箱内未接地

> ➤ **违反条款**

《国家电网公司电力安全工作规程（变电部分）》16.3.5 检修动力电源箱的支路开关都应加装剩余电流动作保护器（漏电保护器）并应定期检查和试验。16.4.2.5 电动的工具、机具应接地或接零良好。

> ➤ **防范措施**

一是定期开展检查，每日开展临时用电漏保开关试跳。二是加强安全巡视，管理人员应在巡查过程中加强施工机具电源引出线的安全检查。

**典型违章案例7：**

> ➤ **违章描述**

110kV××2 号主变工程：土建作业，动火作业现场配置的灭火器欠压，存在火灾风险，反映出施工单位消防管理缺失，作业人员安全意识薄弱。（一般违章）

> ➤ **违章图片**

图 52　动火作业现场配置的灭火器欠压

> ➢ **违反条款**

《国家电网有限公司电力建设安全工作规程　第 1 部分：变电》6.6.1.1 施工现场、仓库及重要机械设备、配电箱旁，生活和办公区等应配置相应的消防器材。需要动火的施工作业前，应增设相应类型及数量的消防器材。在林区、牧区施工，应遵守当地的防火规定。

> ➢ **防范措施**

一是定期开展检查，每月开展消防器材专项检查。二是加强安全巡视，管理人员应在巡查过程中加强对消防器材的常规检查。三是开展消防应急宣传，安全日期间开展消防教育学习，播放火灾视频，开展应急演练，增强员工安全意识。

 **典型违章案例8：**

> ➢ **违章描述**

110kV××2 号主变工程：土建作业，动火作业现场使用的气瓶未固定，存在火灾风险，反映出施工单位消防管理缺失，作业人员安全意识薄弱。（一般违章）

> ➢ **违章图片**

图 53　动火作业现场使用的气瓶未固定

> ➢ **违反条款**

《国家电网有限公司电力建设安全工作规程　第 1 部分：变电》7.4.4.14 使用中的氧气瓶与乙炔气瓶应垂直放置并固定，氧气瓶与乙炔气瓶的距离不得小于 5m。

> **防范措施**

一是加强事前安全教育，利用站班会对气瓶使用安全进行宣贯。二是加强过程安全检查，施工单位安全管理人员、现场监理人员要加强安全巡视，确保动火作业各类气瓶合规使用。

**典型违章案例9：**

> **违章描述**

××数据中心二期基建工程：土建施工作业，临时电源线沿地面明设，电源箱周围有材料随意堆放，存在触电和火灾风险，反映出现场临时用电管理失控，未按要求定期开展专项检查。（一般违章）

> **违章图片**

图 54　临时电源线沿地面明设，电源箱周围有材料随意堆放

> **违反条款**

《国家电网有限公司电力建设安全工作规程　第 1 部分：变电》6.5.4h）电缆线路应采用埋地或架空敷设，不得沿地面明设，并应避免机械损伤和介质腐蚀。电缆接头处应有防水和防触电的措施。

> **防范措施**

一是严格方案执行，严格按照审批后的临时用电施工方案对作业现场用电进行布置，并落实临时用电安全签证制度。二是临时用电安全交底，告知作业人员施工用电相关安全要求，配电箱附近严禁材料堆放。三是加强安全巡视，管理人员应在巡查过程中加强对临时用电的检查。

**典型违章案例10：**

➢ **违章描述**

××110kV 输变电工程：土建施工作业，进站道路上方的低压架空线路架设高度低于 2.5m，存在触电风险，反映出施工单位临时用电管理不规范，作业人员安全意识薄弱。（一般违章）

➢ **违章图片**

图 55　进站道路上方的低压架空线路架设高度低于 2.5m

➢ **违反条款**

《国家电网有限公司电力建设安全工作规程　第 1 部分：变电》6.5.4g）低压架空线路不得采用裸线，导线截面积不得小于 16mm²，人员通行处架设高度不得低于 2.5m；交通要道及车辆通行处，架设高度不得低于 5m。

➢ **防范措施**

一是严格方案执行，严格按照审批后的临时用电施工方案对作业现场用电进行布置，并落实临时用电安全签证制度。二是加强安全巡视，参建单位管理人员应在巡查过程中加强对临时用电的检查，严禁私拉乱接。

 **典型违章案例11：**

➢ **违章描述**

220kV××旧 1 号主变改造工程：基础破除作业，动火作业时，氧气瓶未直立放置，气瓶间距小于 5m，动火作业地点距离气瓶不足 10m；液化气与氧气瓶同车运输，且气瓶均未佩戴防振圈，存在火灾风险，反映出施工单位动火作业管理缺失，作业人员安全意识薄弱。（一般违章）

➤ **违章图片**

图 56 动火作业氧气瓶未直立放置，气瓶间距小于 5m，动火地点距离气瓶不足 10m

➤ **违反条款**

《国家电网有限公司电力建设安全工作规程 第 1 部分：变电》7.4.4.5 易燃品、油脂和带油污的物品不得与氧气瓶同车运输。氧气瓶与乙炔瓶不得同车运输。7.4.4.7 气瓶存放处 10m 内禁止明火，不得与易燃物、易爆物同间存放。7.4.4.14 使用中的氧气瓶与乙炔气瓶应垂直放置并固定，氧气瓶与乙炔气瓶的距离不得小于 5m。7.4.4.20 气瓶应佩戴 2 个防振圈。

➤ **防范措施**

一是加强事前安全教育，利用站班会对动火作业关键人员安全进行宣贯，做到重点内容"三必学"。二是加强过程安全检查，施工单位安全管理人员、现场监理人员要加强安全巡视，确保动火作业周边环境安全，各类气瓶合规使用。

 **典型违章案例12：**

➤ **违章描述**

35kV××变电站 2 号主变扩建工程：土建施工作业，使用中的电源盘漏电保护器失效，存在漏电伤人风险，反映出施工单位临时用电管理不规范，作业人员安全意识薄弱。（一般违章）

➢ **违章图片**

图 57 电源盘漏电保护器失效

➢ **违反条款**

《国家电网有限公司电力建设安全工作规程 第 1 部分：变电》6.5.4q）电动机械或电动工具应做到"一机一闸一保护"。移动式电动机械应使用绝缘护套软电缆。

➢ **防范措施**

一是加强用电器具管理，电源线盘应经检验合格并试跳后方可投入使用。二是开展临时用电安全交底，告知作业人员施工用电相关安全要求。三是加强安全巡视，管理人员应在巡查过程中加强对临时用电的检查，确保接线规范，漏保有效。

 **典型违章案例13：**

➢ **违章描述**

××抽水蓄能电站工程：道路施工作业，二级配电箱出线未采用埋地或架空敷设，存在漏电伤人风险，反映出施工单位临时用电管理不规范，作业人员安全意识薄弱。（一般违章）

➢ **违章图片**

图 58 二级配电箱出线未采用埋地或架空敷设

> **违反条款**

《国家电网有限公司电力建设安全工作规程 第 1 部分：变电》（Q/GDW11957.1—2020）第 6.5.4 条：h）电缆线路应采用埋地或架空敷设，不得沿地面明设，并应避免机械损伤和介质腐蚀。电缆接头处应有防水和防触电的措施。

> **防范措施**

一是严格方案执行，严格按照审批后的临时用电施工方案对作业现场用电进行布置，并落实临时用电安全签证制度。二是加强安全巡视，参建单位管理人员应在巡查过程中加强对临时用电的检查，严禁私拉乱接。

 **典型违章案例14：**

> **违章描述**

××变电站工程：土建施工作业，配电箱负荷侧线路破皮；箱体缺少接地线；现场电缆线沿地面明设，存在触电风险，反映出施工单位临时用电管理不规范，作业人员安全意识薄弱。（一般违章）

> **违章图片**

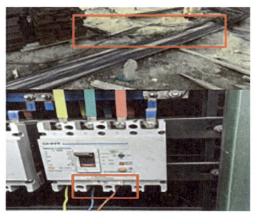

图 59　配电箱负荷侧线路破皮；缺少接地线；现场电缆线沿地面明设

> **违反条款**

《国家电网有限公司电力建设安全工作规程 第 1 部分：变电》6.5.4e 配电

箱应坚固金属外壳接地或接零良好其结构应具备防火、防雨的功能箱内的配线应采取相色配线且绝缘良好导线进出配电柜或配电箱的线段应采取固定措施导线端头制作规范连接应牢固。操作部位不得有带电体裸露。6.5.4h 电缆线路应采用埋地或架空敷设不得沿地面明设并应避免机械损伤和介质腐蚀。电缆接头处应有防水和防触电的措施。

《典型违章库-基建变电》第 64 条。

➢ **防范措施**

一是严格方案执行，严格按照审批后的临时用电施工方案对作业现场用电进行布置，投入使用前相关单位应开展联合验收，监理单位应出具安全检查签证意见。二是加强安全管理，施工单位、监理单位要定期开展临时用电专项检查。

 **典型违章案例15：**

➢ **违章描述**

500kV××变 220kV××间隔扩建工程：临时配电箱放置在沟道内，电源线被沟盖板挤压，存在漏电风险，反映出施工单位临时用电管理不规范，作业人员安全意识薄弱。（一般违章）

➢ **违章图片**

图 60　临时配电箱放置在沟道内，电源线被沟盖板挤压

> ➤ **违反条款**

《国家电网有限公司电力建设安全工作规程 第1部分：变电》6.5.4 配电及照明要求 d）配电箱设置地点应平整，不得被水淹或土埋，并应防止碰撞和被物体打击。配电箱内及附近不得堆放杂物。7.6.2.8 施工现场不得使用裸线；电线铺设要防砸、防碾压；防止电线冻结在冰雪之中；大风雪后，应对供电线路进行检查，防止断线造成触电事故。

> ➤ **防范措施**

一是严格方案执行，严格按照审批后的临时用电施工方案对作业现场用电进行布置，投入使用前相关单位应开展联合验收，监理单位应出具安全检查签证意见。二是加强安全管理，使用过程中施工单位、监理单位要定期开展临时用电专项检查。

### 典型违章案例16：

> ➤ **违章描述**

220kV××变电站扩建工程：卷线盘多个插孔共用一个漏保，不满足"一机一闸一保护"要求，存在漏电风险反映出施工单位临时用电管理不规范，作业人员安全意识薄弱。（一般违章）

> ➤ **违章图片**

图 61　卷线盘多个插孔共用一个漏保

> **违反条款**

《国家电网有限公司电力建设安全工作规程 第 1 部分：变电》6.5.4 配电及照明要求：q）电动机械或电动工具应做到"一机一闸一保护"。

> **防范措施**

一是加强工前安全交底，落实站班会安全交底工作，对当日存在的风险点和安全措施进行宣贯。二是加强前置性检查，开关箱布置不能满足现场作业要求，需使用卷线盘时，做好安全检查和漏保试跳。

### 3.1.9 拆除作业

 **典型违章案例1：**

> **违章描述**

××变主变增容改造工程：模板拆除作业，拆除的模板等材料堆放在坑边，存在物体打击风险，反映出施工单位安全文明施工管理薄弱，工前安全交底不到位。（一般违章）

> **违章图片**

图 62 拆除的模板等材料堆放在坑边

> **违反条款**

《国家电网有限公司电力建设安全工作规程 第 1 部分：变电》10.4.2.2 模

板拆除要求：i）拆下的模板应及时清理，所有朝天钉均拔除或砸平，不得乱堆乱放，不得大量堆放在坑口边，应运到指定地点集中堆放。

> **防范措施**

一是常态化营造安全氛围，结合站班会、安全日等活动，利用视频、案例等宣传手段，建立安全文明施工氛围。二是加强过程安全巡查，施工单位安全管理人员、现场监理人员要加强安全巡视，督促作业人员及时将模板分类集中堆放。

## 典型违章案例2：

> **违章描述**

××750kV 输变电工程：拆模作业，作业现场多处模板朝天钉未拔除或砸平，存在伤人风险，反映出施工单位安全文明施工管理薄弱，工前安全交底不到位。（一般违章）

> **违章图片**

图 63　作业现场多处模板朝天钉未拔除或砸平

> **违反条款**

《国家电网有限公司电力建设安全工作规程　第 1 部分：变电》10.4.2.2 模板拆除要求：i）拆下的模板应及时清理，所有朝天钉均拔除或砸平，不得乱堆乱放，不得大量堆放在坑口边，应运到指定地点集中堆放。

> **防范措施**

一是常态化营造安全氛围，结合站班会、安全日等活动，利用视频、案例等宣传手段，建立安全文明施工氛围。二是加强过程安全巡查，施工单位安全管理人员、现场监理人员要加强安全巡视，督促作业人员及时将朝天钉拔除后分类集中堆放。

### 3.1.10　临近带电体作业

 **典型违章案例1：**

> **违章描述**

××110kV 变电站工程：主变扩建作业，现场临近带电设备吊装重物，未使用控制绳，存在感应电伤人和电网设备故障风险，反映出施工单位工前安全交底浮于表面，吊装作业人员缺乏安全意识，工作时心存侥幸。（一般违章）

> **违章图片**

图 64　现场临近带电设备吊装重物，未使用控制绳

> **违反条款**

《国家电网有限公司电力建设安全工作规程　第 1 部分：变电》8.1.1.3 吊件吊起 100mm 后应暂停，检查起重系统的稳定性、制动器的可靠性、物件的平稳性、绑扎的牢固性，确认无误后方可继续起吊。对易晃动的重物应拴好控制绳。

> **防范措施**

一是加强事前安全教育，结合站班会开展"震撼式"安全教育，加强临近带电作业的前期勘察，落实相关安全措施。二是加强运行站内大型机械施工管控，施工单位应选用经过安全检查签证的起重机械，在指定位置作业，并确保起重作业人员了解临近带电作业的安全距离和相关安全措施。三是加强过程安全检查，施工单位安全管理人员、现场监理人员要加强临近带电作业的安全旁站和巡视，发现安全隐患后要第一时间予以制止，确保设备运行与施工作业安全。

### 典型违章案例2：

> **违章描述**

××变电站 220kV 工程：间隔扩建作业，母线停电作业时，未按照要求加装接地线或个人保安线。存在感应电伤人风险，反映出施工单位安全措施制定欠缺，工前交底浮于表面，作业人员缺乏安全意识，工作时心存侥幸。（一般违章）

> **违章图片**

图 65　母线停电作业时，未按照要求加装接地线或个人保安线

> **违反条款**

《国家电网有限公司电力建设安全工作规程　第 1 部分：变电》12.3.2.5 在停电母线上作业时，应将接地线尽量装在靠近电源进线处的母线上，必要时可

装设两组接地线，并做好登记。接地线应明显，并与带电设备保持安全距离。

> **防范措施**

一是加强事前安全管控，结合站班会开展"震撼式"安全教育，加强临近带电作业的前期勘察，制定并落实相关安全措施。二是落实保命装置配备，施工单位应配备检验合格且在效期内的安全工器具。三是加强过程安全检查，施工单位安全管理人员、现场监理人员要加强临近带电作业的安全旁站和巡视，发现安全隐患后要第一时间予以制止，确保设备运行与施工作业安全。

 **典型违章案例3:**

> **违章描述**

500kV××变电站 66kV 动态无功补偿装置新增：土建临近带电作业，在变电站内使用吊车时，接地线连接处不完整，接地线装设处未清除油漆，存在感应电伤人风险，反映出施工单位工前安全交底浮于表面，现场作业人员缺乏自身保护意识，对感应电心存侥幸。（一般违章）

> **违章图片**

图 66　变电站内使用吊车时，接地线连接处不完整，接地线装设处未清除油漆

> **违反条款**

《国家电网公司电力安全工作规程（变电部分）》7.4.9 装设接地线应先接接地端后接导体端，接地线应接触良好，连接应可靠。17.2.1.8 在变电站内使用起重机械时，应安装接地装置。

> **防范措施**

一是加强班前交底，施工单位针对运行站内使用大型施工机械的作业开展专项安全交底，提升参建人员安全意识。二是加强作业前检查，利用站班会开展安全交底，并对当日选用的起重机具开展专项检查，确保各项性能参数指标正常，接地措施到位。三是加强现场安全检查，施工单位安全管理人员、现场监理人员要加强安全巡视，确保运行站内大型机械施工作业的安全。

## 典型违章案例4：

> **违章描述**

××变 220kV 间隔扩建工程：土建施工作业，在带电运行场区作业人员未将管子放倒搬运，存在感应电伤人风险，反映出施工单位工前安全交底浮于表面，现场作业人员缺乏自身保护意识，对感应电心存侥幸。（一般违章）

> **违章图片**

图 67　在带电运行场区作业人员未将管子放倒搬运

> **违反条款**

《国家电网公司电力安全工作规程变电部分》16.1.10 在户外变电站和高压室内搬动梯子、管子等长物，应两人放倒搬运，并与带电部分保持足够的安全距离。

> **防范措施**

一是加强安全交底，作业前开展安全交底，宣贯临近带电作业相关安全事项，提升参建人员安全意识，梯子、管子等长物应放倒搬运。二是加强现场安全检查，施工单位安全管理人员、现场监理人员要加强安全巡视，确保运行站内临近带电施工作业的安全。

### 3.1.11　土石方作业

 **典型违章案例1：**

> **违章描述**

××66kV 变电站 2 号主变扩建工程：基坑开挖作业，挖掘施工区未设围栏及安全警示牌，反映出施工单位安全文明施工管理欠缺，现场安全措施落实不到位。（一般违章）

> **违章图片**

图 68　挖掘施工区未设围栏及安全警示牌

> **违反条款**

《国家电网有限公司电力建设安全工作规程　第 2 部分：变电》10.1.1.4 挖掘施工区域应设围栏及安全标志牌。

> **防范措施**

一是加强安全文明施工管理，作业前开展安全文明施工标准化策划，划定相关作业区域，制定安全措施。二是落实大型机械管控，运行变电站内的大型机械作业，应根据前期勘察制定的路线行进，并在指定区域内作业。三是加强现场安全检查，施工单位安全管理人员、现场监理人员要加强安全巡视，确保运行站内大型机械施工作业的安全。

### 典型违章案例2：

➢ **违章描述**

××间隔扩建工程：基础施工作业，挖掘机施工时，坑内人员同时进行作业，反映出施工单位安全管理缺失，作业人员安全意识匮乏。（一般违章）

➢ **违章图片**

图 69　挖掘机施工时，坑内人员同时进行作业

➢ **违反条款**

《国家电网有限公司电力建设安全工作规程　第 1 部分：变电》10.1.5.4：f）机械开挖采用"一机一指挥"，有两台挖掘机同时作业时，保持一定的安全距离，在挖掘机旋转范围内，不允许有其他作业。

➢ **防范措施**

一是加强安全交底，作业前开展安全交底，宣贯基坑作业相关安全事项，挖掘机旋转范围内，严禁人员作业。二是加强施工机械管理，做好施工机械的进场报审、安全检查等全过程管控。三是加强现场安全检查，施工单位安全管理人员、现场监理人员要加强安全巡视，确保作业安全。

**典型违章案例3:**

> **违章描述**

220kV××变第三台主变扩建工程作业：基坑开挖作业，作业人员在挖掘机旋转范围内同时作业，作业人员乘坐挖掘机挖斗下基坑，挖掘机暂停作业时，挖斗未放到地面，反映出施工单位安全文明施工管理欠缺，作业人员安全意识薄弱，现场安全措施落实不到位。（一般违章）

> **违章图片**

图 70 作业人员在挖掘机旋转范围内同时作业，作业人员乘坐挖掘机挖斗下基坑

> **违反条款**

《国家电网有限公司电力建设安全工作规程 第1部分：变电》10.1.5.4 挖掘机开挖时遵守下列规定：b）人员不得进入挖斗内，不得在伸臂及挖斗下面通过或逗留。d）暂停作业时，应将挖斗放到地面。e）挖掘机作业时，在同一基坑内不应有人员同时作业。

> **防范措施**

一是加强安全交底，作业前开展安全交底，宣贯基坑作业相关安全事项，严禁采用挖斗运人搬物。二是加强施工机械管理，做好施工机械的进场报审、安全检查等全过程管控。三是加强现场安全检查，施工单位安全管理人员、现场监理人员要加强安全巡视，确保交叉作业安全。

## 典型违章案例4：

> **违章描述**

××220kV变电站工程：间隔扩建作业，施工现场基坑周围未设可靠的防护设施及安全标志，存在人员坠落风险，反映出施工单位安全管理缺失。（一般违章）

> **违章图片**

图71 施工现场基坑周围未设可靠的防护设施及安全标志

> **违反条款**

《国家电网有限公司电力建设安全工作规程 第1部分：变电》6.1.6施工现场及周围的悬崖、陡坎、深坑、高压带电区等危险场所均应设可靠的防护设施及安全标志；坑、沟、孔洞等均应铺设符合安全要求的盖板或设可靠的围栏、挡板及安全标志。

> **防范措施**

一是加强安全交底，作业前开展安全交底，宣贯基坑作业相关安全事项。二是加强安全文明施工管理，作业前开展安全文明施工标准化策划，针对风险作业制定安全措施。三是加强现场安全检查，施工单位安全管理人员、现场监理人员要加强安全巡视，确保基坑作业安全。

**典型违章案例5：**

> **违章描述**

××220kV 变电站新建工程：基坑开挖作业：基础后壁开挖不满足规程要求坡度系数 1:0.3，且无防坍塌防范措施，存在基坑坍塌风险，反映出施工单位对基坑开挖施工方案交底不到位，作业人员不了解相关规范要求，安全意识薄弱。（一般违章）

> **违章图片**

图 72　基础后壁开挖不满足规程要求坡度系数 1:0.3

> **违反条款**

《国家电网有限公司电力建设安全工作规程　第 1 部分：变电》10.1.1.9 开挖边坡值应满足设计要求。无设计要求时对开挖深度分别不超过 4m 的软土和 8m 的硬土应符合表 12 的规定。10.1.2.3 基坑边坡应进行防护防止雨水侵蚀。

《典型违章库—基建变电》第 78 条。

> **防范措施**

一是加强事前交底，落实施工方案交底和作业前关键事项的班前交底。二是加强过程安全检查，施工单位安全管理人员、现场监理人员要加强安全巡视，发现基坑支护放坡与方案不符及时要求整改。三是加强后续监测，施工、监理单位要落实基坑监测相关要求，确保基坑安全稳定。

**典型违章案例6：**

> **违章描述**

××220kV变电站新建工程：深基坑作业，深基坑人行通道内有杂物且周边未设可靠围栏，存在人员坠落风险，反映出施工单位对深基坑施工方案交底不到位，安全文明施工管控欠缺，作业人员安全意识薄弱。（一般违章）

> **违章图片**

图73　深基坑人行通道内有杂物且周边未设可靠围栏

> **违反条款**

《国家电网有限公司电力建设安全工作规程　第1部分：变电》6.1.6施工现场及周围的悬崖、陡坎、深坑、高压带电区等危险场所均应设可靠的防护设施及安全标志；坑、沟、孔洞等均应铺设符合安全要求的盖板或设可靠的围栏、挡板及安全标志。危险场所夜间及时恢复。

> **防范措施**

一是加强安全交底，作业前开展安全交底，宣贯基坑作业相关安全事项。二是加强安全文明施工管理，作业前开展安全文明施工标准化策划，制定相应安全措施。三是加强现场安全检查，施工单位安全管理人员、现场监理人员要加强安全巡视，确保基坑安全围护到位，通道通畅。

### 3.1.12 脚手架作业

 **典型违章案例1：**

> **违章描述**

110kV××变扩建工程：土建施工作业：脚手架立杆垫板与自然地坪齐平；未在脚手架地面外侧设置排水沟；脚手架的横杆与立杆交叉点缺少扣件。存在脚手架失稳风险，反映出施工单位对脚手架搭设施工方案交底不到位，作业人员不了解相关规范要求。（一般违章）

> **违章图片**

图74 未在脚手架地面外侧设置排水沟；脚手架的横杆与立杆交叉点缺少扣件

> **违反条款**

《国家电网有限公司电力建设安全工作规程 第1部分：变电》10.3.3.1 脚手架地基应平整坚实，回填土地基应分层回填、夯实，脚手架立杆垫板或底座底面标高应高于自然地坪 50～100mm，并在脚手架地面外侧设置排水沟，确保立杆底部不积水。

> **防范措施**

一是加强事前交底，落实脚手架搭设方案三级交底和作业前关键事项的班前交底。二是加强过程安全检查，施工单位安全管理人员、现场监理人员要加强安全巡视，发现脚手架搭设不规范、与方案不符及时要求整改。三是严把验收签证关口，施工、监理单位要落实脚手架签证验收制度，验收通过后方可投入使用。

### 典型违章案例2：

> **违章描述**

××1 号 220kV 变电站新建工程：土建施工作业：钢管脚手架剪刀撑与横杆连接处多处扣件缺失且十字交叉处未绑扎，存在脚手架倾覆风险，反映出施工单位对脚手架搭设施工方案交底不到位，作业人员不了解相关规范要求。（一般违章）

> **违章图片**

图 75　钢管脚手架剪刀撑与横杆连接处多处扣件缺失且十字交叉处未绑扎

> **违反条款**

《建筑施工扣件式钢管脚手架安全技术规范》6.6.2 单、双排脚手架剪刀撑的设置应符合下列规定：3 剪刀撑斜杆应用旋转扣件固定在与之相交的横向水平杆的伸出端或立杆上，旋转扣件中心线至主节点的距离不应大于 150mm。

> **防范措施**

一是加强事前交底，落实脚手架搭设方案三级交底和作业前关键事项的班前交底。二是加强过程安全检查，施工单位安全管理人员、现场监理人员要加强安全巡视，发现脚手架搭设不规范、与方案不符及时要求整改。三是严把验收签证关口，施工、监理单位要落实脚手架签证验收制度，验收通过后方可投入使用。

**典型违章案例3:**

> **违章描述**

××变应急物资储运站及带电作业实训站工程:土建施工作业:钢管脚手架多处扣件缺失,斜道两侧未安装护栏,存在脚手架失稳和人员坠落风险,反映出施工单位对脚手架搭设施工方案交底不到位,作业人员不了解相关规范要求,安全意识薄弱。(一般违章)

> **违章图片**

图 76　钢管脚手架多处扣件缺失,斜道两侧未安装护栏

> **违反条款**

《国家电网有限公司电力建设安全工作规程　第 1 部分:变电》10.3.3.10脚手架的外侧、斜道和平台应设 1.2m 高的护栏,0.6m 处设中栏杆和不小于180mm 高的挡脚板或设防护立网。《建筑施工扣件式钢管脚手架安全技术规范》7.3.5 脚手架纵向水平杆应随立杆按步搭设,并应采用直角扣件与立杆固定。

> **防范措施**

一是加强事前交底,落实脚手架搭设方案三级交底和作业前关键事项的班前交底。二是加强过程安全检查,施工单位安全管理人员、现场监理人员要加强安全巡视,发现脚手架搭设不规范、与方案不符及时要求整改。三是严把验收签证关口,施工、监理单位要落实脚手架签证验收制度,验收通过后方可投入使用。

**典型违章案例4：**

> **违章描述**

××500kV 变电站新建工程：土建施工作业，高压室脚手架部分钢管露出部分不足 100mm；部分脚手板端头未绑扎；脚手架与墙体间隙大于 150mm，存在脚手架倾覆、人员坠落风险，反映出施工单位对脚手架搭设施工方案交底不到位，作业人员不了解相关规范要求，安全意识薄弱。（一般违章）

> **违章图片**

图 77　钢管脚手架多处扣件缺失，斜道两侧未安装护栏

> **违反条款**

《变电工程落地式钢管脚手架施工安全技术规范》第 6.4.5 条：端部扣件盖板外边缘至两杆搭接部分杆端部的最小距离不应小于 100mm。《国家电网有限公司电力建设安全工作规程　第 1 部分：变电》第 10.3.3.9 条：脚手板的铺设应符合技术规范 JGJ130，遵守下列规定：a）作业层脚手板应铺满、铺稳、铺实，作业层端部脚手板探头长度应取 150mm，其板两端均应与支撑杆可靠固定，脚手板与墙面的间距不应大于 150mm。

《典型违章库—基建变电》第 83 条。

> **防范措施**

一是加强事前交底，落实脚手架搭设方案三级交底和作业前关键事项的班前交底。二是加强过程安全检查，施工单位安全管理人员、现场监理人员要加强安全巡视，发现脚手架搭设不规范、与方案不符及时要求整改。三是严把验收签证关口，施工、监理单位要落实脚手架签证验收制度，验收通过后方可投入使用。

 **典型违章案例5：**

> **违章描述**

××220kV 变电站新建工程：脚手架施工作业：脚手架的钢管立杆木质垫板不足两跨，端部扣件盖板至杆端距离小于 100mm，搭接部分扣件不足，且脚手架外侧未设置挡脚板，存在脚手架倾覆、人员坠落风险，反映出施工单位对脚手架搭设施工方案交底不到位，作业人员不了解相关规范要求，安全意识薄弱。（一般违章）

> **违章图片**

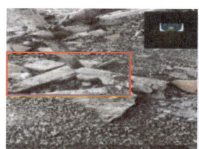 

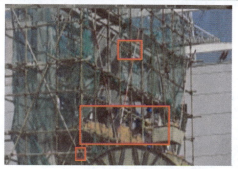

图 78 垫板不足两跨，端部扣件至杆端小于 100mm，搭接部分扣件不足，未设置挡脚板

> **违反条款**

《国家电网有限公司电力建设安全工作规程 第 1 部分：变电》10.3.2.6 钢管立杆应设置金属底座或木质垫板，木质垫板厚度不小于 50mm、宽度不小于

95

200mm，且长度不少于 2 跨。10.3.3.5 立杆接长，顶层顶步可采用搭接，搭接长度不应小于 1m，应采用不少于两个旋转扣件固定，端部扣件盖板的边缘至杆端距离不应小于 100mm。10.3.3.6 纵向水平杆应用对接扣件接长，也可采用搭接。搭接长度不应小于 1m，应等间距设置三个旋转扣件固定。10.3.3.10 脚手架的外侧、斜道和平台应设 1.2m 高的护栏，0.6m 处设中栏杆和不小于 180mm 高的挡脚板或设防护立网。

> **防范措施**

一是加强事前交底，落实脚手架搭设方案三级交底和作业前关键事项的班前交底。二是加强过程安全检查，施工单位安全管理人员、现场监理人员要加强安全巡视，发现脚手架搭设不规范、与方案不符及时要求整改。三是严把验收签证关口，施工、监理单位要落实脚手架签证验收制度，验收通过后方可投入使用。

## 典型违章案例6：

> **违章描述**

××110kV 变电站新建工程：挡土墙施工作业，挡土墙脚手架作业层脚手板未满铺，外侧未设两道护栏且缺少挡脚板，剪刀撑缺少扣件，存在脚手架倾覆、人员坠落风险，反映出施工单位对脚手架搭设施工方案交底不到位，作业人员不了解相关规范要求，安全意识薄弱。（一般违章）

> **违章图片**

图 79　脚手架作业层脚手板未满铺，外侧未设两道护栏且缺少挡脚板，剪刀撑缺少扣件

> **违反条款**

《国家电网有限公司电力建设安全工作规程 第 1 部分：变电》10.3.3.9a）作业层脚手板应铺满、铺稳、铺实，作业层端部脚手板探头长度应取 150mm，其板两端均应与支撑杆可靠固定，脚手板与墙面的间距不应大于 150mm。10.3.3.10 脚手架的外侧、斜道和平台应设 1.2m 高的护栏，0.6m 处设中栏杆和不小于 180mm 高的挡脚板或设防护立网。

> **防范措施**

一是加强事前交底，落实脚手架搭设方案三级交底和作业前关键事项的班前交底。二是加强过程安全检查，施工单位安全管理人员、现场监理人员要加强安全巡视，发现脚手架搭设不规范、与方案不符及时要求整改。三是严把验收签证关口，施工、监理单位要落实脚手架签证验收制度，验收通过后方可投入使用。

 **典型违章案例7：**

> **违章描述**

××220kV 变电站第二台主变扩建工程：土建施工作业，作业层脚手板未铺满、铺稳，且脚手架多处缺少扣件、部分横杆扣件距离端部小于 100mm，存在脚手架倾覆、人员坠落风险，反映出施工单位对脚手架搭设施工方案交底不到位，作业人员不了解相关规范要求，安全意识薄弱。（一般违章）

> **违章图片**

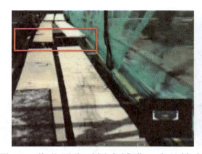 

图 80 作业层脚手板未铺满，多处缺少扣件、部分横杆扣件距离端部小于 100mm

> **违反条款**

《国家电网有限公司电力建设安全工作规程 第 1 部分：变电》10.3.3.9 脚

手板的铺设应符合技术规范 JGJ130，遵守下列规定：a）作业层脚手板应铺满、铺稳、铺实，作业层端部脚手板探头长度应取 150mm，其板两端均应与支撑杆可靠固定，脚手板与墙面的间距不应大于 150mm。

《建筑施工扣件式钢管脚手架安全技术规范》7.3.5 脚手架纵向水平杆的搭设应符合下列规定：1.脚手架纵向水平杆应随立杆按步搭设，并应采用直角扣件与立杆固定。7.3.11 扣件安装应符合下列规定：5 各杆件端头伸出扣件盖板边缘的长度不应小于 100mm。

➤ **防范措施**

一是加强事前交底，落实脚手架搭设方案三级交底和作业前关键事项的班前交底。二是加强过程安全检查，施工单位安全管理人员、现场监理人员要加强安全巡视，发现脚手架搭设不规范、与方案不符及时要求整改。三是严把验收签证关口，施工、监理单位要落实脚手架签证验收制度，验收通过后方可投入使用。

## 典型违章案例8：

➤ **违章描述**

××110kV 变电站新建工程：土建施工作业，钢管脚手架一侧未接地，作业平台外围防护栏设置不完整，存在人员触电和坠落风险，反映出施工单位对脚手架搭设施工方案交底不到位，作业人员不了解相关规范要求，安全意识薄弱。（一般违章）

➤ **违章图片**

图 81　钢管脚手架一侧未接地，作业平台外围防护栏设置不完整

➢ **违反条款**

《国家电网有限公司电力建设安全工作规程 第 1 部分：变电》10.3.1.5 钢管脚手架应有防雷接地措施整个架体应从立杆根部引设两处（对角）防雷接地。

《国家电网有限公司电力建设安全工作规程 第 1 部分：变电》10.3.3.11 斜道两侧及平台外围应设 1.2m 高的防护栏。

《典型违章库—基建变电》第 81 条。

➢ **防范措施**

一是加强事前交底，落实脚手架搭设方案三级交底和作业前关键事项的班前交底。二是加强过程安全检查，施工单位安全管理人员、现场监理人员要加强安全巡视，发现脚手架搭设不规范、与方案不符及时要求整改。三是严把验收签证关口，施工、监理单位要落实脚手架签证验收制度，验收通过后方可投入使用。

 **典型违章案例9：**

➢ **违章描述**

××抽蓄电站工程：安装间副厂房盘扣式支撑架搭设作业，脚手板未满铺及剪刀撑杆件连接处伸出的端头长度小于 10cm，存在人员坠落、架体失稳风险，反映出施工单位对盘扣式脚手架搭设施工方案交底不到位，作业人员不了解相关规范要求，安全意识薄弱。（一般违章）

➢ **违章图片**

图 82 脚手板未满铺及剪刀撑杆件连接处伸出的端头长度小于 10cm

> **违反条款**

《建筑施工承插型盘扣式钢管脚手架》7.5.3 作业层设置应符合下列规定：1 应满铺脚手板。《水利水电施工通用安全技术规程》6.3.5 脚手架安装搭设应严格按照设计图纸实施，遵循自下而上、逐层搭设、逐层加固、逐层上升的原则，并应符合下列要求：2 脚手架各接点连接可靠拧紧，各杆件连接处相互伸出的端头长度要大于 10cm，以防止杆件滑脱。

> **防范措施**

一是加强事前交底，针对采用新工艺、新技术的盘扣式脚手架搭设要落实搭设方案三级交底和作业前关键事项的班前交底，并开展针对性教育培训。二是加强过程安全检查，施工单位安全管理人员、现场监理人员要加强安全巡视，发现脚手架搭设不规范、与方案不符及时要求整改。三是严把验收签证关口，施工、监理单位要落实脚手架签证验收制度，验收通过后方可投入使用。

## 典型违章案例10：

> **违章描述**

××500kV 变电站 1 号、4 号主变扩建工程：脚手架搭设作业：2 号主变室模板支撑脚手架搭设作业：脚手架立杆紧挨基坑边缘，底部未设置横向扫地杆。存在脚手架不稳固风险，反映出施工单位脚手架搭设施工方案交底不到位，作业人员不了解相关规范要求，安全意识薄弱。（一般违章）

> **违章图片**

图 83  脚手架立杆紧挨基坑边缘，底部未设置横向扫地杆

> **违反条款**

《变电工程落地式钢管脚手架施工安全技术规范》6.2.4 靠边坡上方的立杆轴线到边坡上边沿的距离不得小于 500mm。《国家电网有限公司电力建设安全工作规程　第 1 部分：变电》10.3.3.4 脚手架的立杆应垂直。应设置纵横向扫地杆，并应按定位依次将立杆与纵、横向扫地杆连接固定。

> **防范措施**

一是加强事前交底，落实脚手架搭设方案三级交底和作业前关键事项的班前交底。二是加强过程安全检查，施工单位安全管理人员、现场监理人员要加强安全巡视，发现脚手架搭设不规范、与方案不符及时要求整改。三是严把验收签证关口，施工、监理单位要落实脚手架签证验收制度，验收通过后方可投入使用。

### 3.1.13　混凝土作业

 **典型违章案例1：**

> **违章描述**

××500kV 变电站：混凝土浇筑作业，作业人员手扶混凝土泵机软管，存在人员受伤风险，反映出施工单位工前安全交底浮于表面，现场作业人员缺乏自身保护意识，工作时心存侥幸。（一般违章）

> **违章图片**

图 84　作业人员手扶混凝土泵机软管

> **违反条款**

《国家电网有限公司电力建设安全工作规程　第 1 部分：变电》10.4.4.1.3 泵启动时，人员不得进入末端软管可能摇摆触及的危险区域。4）建筑物边缘作业时，操作人员应站在安全位置，使用辅助工具引导末端软管，不得站在建筑物边缘手握末端软管作业。

> **防范措施**

一是加强事前安全交底，针对专项施工方案开展安全交底并结合站班会开展有关当日混凝土作业内容的针对性交底。二是加强施工工器具配备，施工单位应为现场配备对应的施工工器具，确保作业人员正确使用辅助工具引导浇筑。三是加强过程安全检查，施工单位安全管理人员、现场监理人员要加强旁站和安全巡视，禁止手扶软管。

## 典型违章案例2：

> **违章描述**

××220kV 变电站 1 号主变增容工程：混凝土浇筑作业，作业人员在振捣作业时未佩戴绝缘手套，存在人员触电风险，反映出施工单位工前安全交底浮于表面，现场作业人员缺乏自身保护意识，工作时心存侥幸。（一般违章）

> **违章图片**

图 85　作业人员在振捣作业时未佩戴绝缘手套

> **违反条款**

《国家电网有限公司电力建设安全工作规程　第 1 部分：变电》10.4.4.2.e）振捣作业人员应穿好绝缘靴、戴好绝缘手套。

> **防范措施**

一是加强事前安全交底，结合站班会开展混凝土浇筑的针对性安全交底。二是加强安全工器具配备，总包单位应为现场配备相应的安全工器具，确保作业人员掌握正确使用方法，混凝土浇筑人员必须穿好绝缘靴、戴好绝缘手套方可开始工作。三是加强过程安全检查，施工单位安全管理人员、现场监理人员要加强旁站和安全巡视，消除安全隐患。

 **典型违章案例3：**

> **违章描述**

220kV××变电站工程：1 号主变基础制作施工作业，使用的电动振动器机身未接地，且不满足"一机一闸一保护"要求，存在人员触电风险，反映出工前交底不到位，作业人员安全意识薄弱。（一般违章）

> **违章图片**

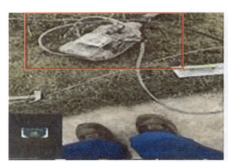

图 86　使用的电动振动器机身未接地

> **违反条款**

《国家电网有限公司电力建设安全工作规程　第 1 部分：变电》8.3.12.1 插入式振动器的电动机电源上应安装剩余电流动作保护装置（漏电保护器）接地或接零应安全可靠作业时操作人员应穿戴绝缘胶鞋和绝缘手套。6.5.4 电动机械或电动工具应做到"一机一闸一保护"。移动式电动机械应使用绝缘护套软电缆。

➤ **防范措施**

一是加强事前安全交底，结合站班会开展作业前安全交底。二是开展工前专项检查，对于临时使用的小型施工机具，开展接地、漏电保护装置的专项检查。三是加强过程安全检查，施工单位安全管理人员、现场监理人员要加强旁站和安全巡视，消除安全隐患。

### 3.1.14 桩基作业

**典型违章案例1：**

➤ **违章描述**

××1000kV 变电站新建工程：桩基施工作业，焊接作业时，操作人员未佩戴护目镜或采取其他防护措施，反映出施工单位工前安全交底浮于表面，作业人员缺乏自身保护意识。（一般违章）

➤ **违章图片**

图 87　焊接作业时，操作人员未佩戴护目镜或采取其他防护措施

➤ **违反条款**

《国家电网有限公司电力建设安全工作规程　第 1 部分：变电》7.4.1.2 作业人员在观察电弧时，应使用带有滤光镜的头罩或手持面罩，或佩戴安全镜、护目镜或其他合适的眼镜。

> **防范措施**

一是加强安全交底，作业前开展安全交底，宣贯桩基作业相关安全事项。二是加强安全防护用品配备，施工单位为现场配备相应的安全防护用品，确保桩基焊接作业人员正确佩戴。三是加强现场安全管控，施工单位安全管理人员、现场监理人员要加强焊接现场的消防、人身安全巡视。

 **典型违章案例2：**

> **违章描述**

××220kV变电站主变增容工程：桩基施工作业，电动桩机机身接地不可靠，存在触电风险，反映出施工单位工前安全交底和检查浮于表面，作业人员缺乏自身保护意识。（一般违章）

> **违章图片**

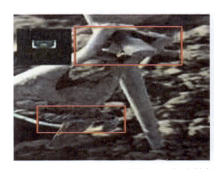 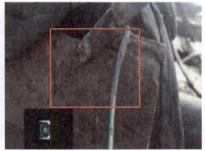

图88　电动桩机机身接地不可靠

> **违反条款**

《国家电网有限公司电力建设安全工作规程　第1部分：变电》6.5.5c）电源线、保护接零线、保护接地线应采用焊接、压接、螺栓连接或其他可靠方法连接。8.3.8.2b）保护接地线或接零线连接正确、牢固。

> **防范措施**

一是加强安全交底，作业前开展安全交底，宣贯桩基作业相关安全事项。二是加强施工机械进场检查，落实大中型机械报审制度，施工单位应规范报审起重机械租赁合同、安全协议等，对大型施工机械进出场提前报备，监理单位要落实大型机械安全检查签证。三是加强现场安全管控，施工单位安全管理人员、现场监理人员要加强安全巡视，确保作业安全。

### 典型违章案例3:

➤ **违章描述**

220kV××变电站工程：桩基施工作业，桩机端接地使用普通线夹，未使用专用线夹可靠固定，存在触电风险，反映出施工单位工前安全交底、检查浮于表面，现场作业人员缺乏安全意识。（一般违章）

➤ **违章图片**

图 89　桩机端接地使用普通线夹，未使用专用线夹可靠固定

➤ **违反条款**

《国家电网有限公司电力建设安全工作规程　第 1 部分：变电》12.3.2.8 不得使用不符合规定的导线做接地线或短路线，接地线应使用专用的线夹固定在导体上，不得使用缠绕的方法进行接地或短路。装拆接地线应使用绝缘棒，戴绝缘手套。挂接地线时应先接接地端，再接设备端，拆接地线时顺序相反。

➤ **防范措施**

一是加强初始安全管理，桩基作业是土建施工的第一步，相关管理和施工人员风险意识淡薄，要加强人员的教育培训和交底工作。二是加强现场安全检查，施工单位安全管理人员、现场监理人员要加强安全巡视，加强作业前和收工后的安全检查。

### 3.1.15　装饰装修作业

**典型违章案例1:**

➢ **违章描述**

　　××110kV 变电站增容改造工程：装饰装修作业，现场多处坑、洞、电缆沟未设盖板、围栏等可靠防护措施，反映出施工单位对安全文明施工管理不到位，工前安全交底浮于表面，现场作业人员缺乏自身保护意识，安全意识薄弱。（一般违章）

➢ **违章图片**

图 90　现场多处坑、洞、电缆沟未设盖板、围栏等可靠防护措施

➢ **违反条款**

　　《国家电网有限公司电力建设安全工作规程　第 1 部分：变电》6.1.6 坑、沟、孔洞等均应铺设符合安全要求的盖板或设可靠的围栏、挡板及安全标志。

➢ **防范措施**

　　一是加强安全文明施工管理，作业前开展安全文明施工标准化策划，针对"四口五临边"制定安全措施。二是加强现场安全检查，施工单位安全管理人员、现场监理人员要加强安全巡视，做好临边洞口的安全防护措施。

**典型违章案例2:**

➢ **违章描述**

　　××110kV 变电站配电楼：装饰装修作业，脚手架整体均未设置连墙件，作业层外侧无安全网及挡脚板，存在架体坍塌人员坠落风险，反映出脚手架验收不到位，管理人员验收流于形式，作业人员安全意识薄弱。（一般违章）

➢ **违章图片**

图91　脚手架整体均未设置连墙件，作业层外侧无安全网及挡脚板

➢ **违反条款**

《国家电网有限公司电力建设安全工作规程　第 1 部分：变电》：10.3.4.6 脚手架使用期间不得擅自拆除剪刀撑以及主节点处的纵横向水平杆、扫地杆、连墙件。

➢ **防范措施**

一是加强事前交底，落实专项方案交底和站班会交底工作。二是严把验收签证关口，施工、监理单位要落实脚手架签证验收制度，验收通过后方可投入使用。三是加强过程安全检查，施工单位安全管理人员、现场监理人员要加强安全巡视，发现安全隐患及时要求整改。

 **典型违章案例3：**

➢ **违章描述**

220kV××变电站原址重建工程：装饰装修作业，电缆孔洞铺设的木质盖板不可靠，且无安全标志，存在人员坠落风险，反映出施工单位对安全文明施工管理不到位，工前安全交底浮于表面，现场作业人员缺乏自身保护意识，安全意识薄弱。（一般违章）

> 违章图片

图 92　电缆孔洞铺设的木质盖板不可靠，且无安全标志

> **违反条款**

《国家电网有限公司电力建设安全工作规程　第 1 部分：变电》6.1.6 坑、沟、孔洞等均应铺设符合安全要求的盖板或设可靠的围栏、挡板及安全标志。

> **防范措施**

一是加强安全文明施工管理，作业前开展安全文明施工标准化策划，针对"四口五临边"制定安全措施。二是加强现场安全检查，施工单位安全管理人员、现场监理人员要加强安全巡视，做好临边洞口的安全防护措施。

 **典型违章案例4：**

> **违章描述**

××抽水蓄能电站工程：上库启闭机房装修作业，高处临边围栏缺失，存在人员坠落风险，反映出工前安全交底缺失，安全措施落实不到位，作业人员安全意识薄弱。（一般违章）

➤ **违章图片**

图 93   高处临边围栏缺失

➤ **违反条款**

《建筑施工高处作业安全技术规范》（JGJ 80—2016）4.1.1 坠落高度基准面 2m 及以上进行临边作业时，应在临空一侧设置防护栏杆，并应采用密目式安全立网或工具式栏板封闭。4.1.2 施工的楼梯口、楼梯平台和梯段边，应安装防护栏杆；外设楼梯口、楼梯平台和梯段边还应采用密目式安全立网封闭。4.1.4 施工升降机、龙门架和井架物料提升机等在建筑物间设置的停层平台两侧，应设置防护栏杆、挡脚板，并应采用密目式安全立网或工具式栏板封闭。

➤ **防范措施**

一是加强事前交底，落实和站班会交底，宣贯高处装饰装修注意事项。二是落实安全措施，作业前对安全措施进行检查，临空一侧应设置防护栏杆，并应采用密目式安全立网或工具式栏板封闭。三是加强过程安全检查，施工单位安全管理人员、现场监理人员要安全巡视，发现安全隐患后要第一时间予以制止。

### 3.1.16   钢结构作业

 **典型违章案例1：**

➤ **违章描述**

220kV××变电站：钢结构施工作业，电动升降机高处作业人员踩在栏杆上进行作业，存在人员高处坠落风险，反映出施工单位安全教育不到位，工前安全交底浮于表面，钢结构高处作业人员缺乏自身保护意识，工作时心存侥幸。（一般违章）

> ➤ **违章图片**

图 94　电动升降机高处作业人员踩在栏杆上进行作业

> ➤ **违反条款**

《国家电网有限公司电力建设安全工作规程　第 1 部分：变电》7.1.20 高处作业人员不得坐在平台、孔洞边缘，不得骑坐在栏杆上，不得站在栏杆外作业或凭借栏杆起吊物件。

> ➤ **防范措施**

一是加强班前安全交底，加强本次作业安全行为的班前交底，特别强调高处作业相关注意事项，严禁斗臂车载人移动和探身作业。二是加强过程安全巡视，施工单位针对危险性较大的工序应配备专责监护人，安全管理人员、现场监理人员要加强旁站和安全巡视，发现安全隐患后要第一时间予以制止。

 **典型违章案例2：**

> ➤ **违章描述**

××110kV 变电站新建工程：钢结构安装作业，起吊物体时未绑扎牢固，且未设置控制绳，存在吊物坠落风险。反映出起重作业工前交底浮于表面，吊装安全措施执行不到位，作业人员安全意识不足。（一般违章）

➤ **违章图片**

图 95　起吊物体时未绑扎牢固，且未设置控制绳

➤ **违反条款**

《国家电网有限公司电力建设安全工作规程　第 1 部分：变电》7.3.15 起吊物体应绑扎牢固，吊钩应有防止脱钩的保险装置。8.1.1.3 吊件吊起 100mm 后应暂停，检查起重系统的稳定性、制动器的可靠性、物件的平稳性、绑扎的牢固性，确认无误后方可继续起吊。对易晃动的重物应拴好控制绳。

➤ **防范措施**

一是加强事前安全教育，开展钢结构吊装专项方案交底，并在站班会上对吊装作业风险进行安全交底。二是加强过程管控，吊物离地约 100mm 时对吊物进行检查，确保安全后规范使用控制绳将吊物就位安装。三是加强安全检查，施工单位安全管理人员、现场监理人员要加强旁站和安全巡视，发现安全隐患后要第一时间予以制止。

 **典型违章案例3：**

➤ **违章描述**

××110kV 变电站新建工程：钢结构施工作业，焊接作业紧邻气瓶，且气瓶无防震圈，焊接人员未戴防护面罩及防护手套，存在易燃易爆和人员受伤风险，反映出施工单位防护器具配备不到位，工前安全交底浮于表面，钢结构作业人员缺乏自身保护意识，工作时心存侥幸。（一般违章）

➤ **违章图片**

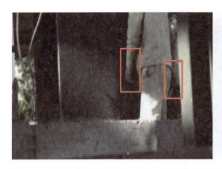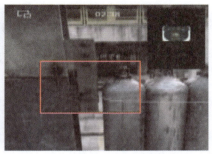

图 96 焊接作业紧邻气瓶，且气瓶无防震圈，焊接人员未戴防护面罩及防护手套

➤ **违反条款**

《国家电网有限公司电力建设安全工作规程 第 1 部分：变电》7.4.4.7 气瓶存放处 10m 内禁止明火，不得与易燃物、易爆物同间存放。7.4.4.20 气瓶应佩戴 2 个防振圈。8.2.18.5 焊接操作及清除焊渣时应戴防护眼镜及专用手套，且人体头部应避开敲击焊渣飞溅方向。

➤ **防范措施**

一是加强班前安全交底，利用站班会开展作业前安全交底，特别强调动火作业相关注意事项。二是加强气瓶和安全防护用品管理，施工单位要选用合格的气瓶，提供安全可靠的作业条件，并为施工人员配备作业必需的防护用品。三是加强过程安全巡视，施工单位安全管理人员、现场监理人员要加强安全巡视，发现隐患后要第一时间予以制止。

 **典型违章案例4：**

➤ **违章描述**

××110kV 变电站工程：支架吊装作业，吊装横梁就位时，施工人员站在构架顶端，存在人员高处坠落风险，反映出施工单位安全教育不到位，工前安全交底浮于表面，吊装作业人员缺乏自身保护意识，工作时心存侥幸。（一般违章）

➤ **违章图片**

图 97　吊装横梁就位时，施工人员站在构架顶端

➤ **违反条款**

《国家电网有限公司电力建设安全工作规程　第 1 部分：变电》10.9.3.8
横梁就位时，构架上的施工作业人员不得站在节点顶上；横梁就位后，应及
时固定。

➤ **防范措施**

一是加强班前安全交底，加强本次作业安全行为的班前交底，特别强调吊
装作业相关注意事项。二是加强过程安全巡视，施工单位安全管理人员、现场
监理人员要加强旁站和安全巡视，发现危险行为后要第一时间予以制止。

# 第二节　电气专业典型违章案例

## 3.2.1　作业组织和作业计划

 **典型违章案例1：**

➤ **违章描述**

××110kV 变电站 1、2 号主变增容改扩建电气设备安装作业：施工方案
审批时间早于现场勘察时间。（一般违章）

➢ **违章图片**

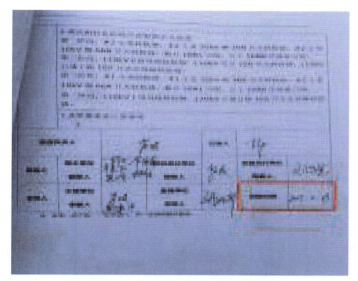

图1 施工方案审批时间早于现场勘察时间

➢ **违反条款**

《国家电网有限公司作业安全风险管控工作规定》第二十五条作业风险评估定级完成后，作业单位应根据现场勘察结果和风险评估定级的内容制定管控措施，编制审批"两票"三措一案。

➢ **防范措施**

强化施工作业组织，施工作业前应及时组织现场勘察，现场勘察由施工作业票签发人或工作负责人组织，安全、技术等相关人员参加，勘察发现的风险点及拟采取的安全措施应在施工方案中予以体现；监理人员应做好施工方案审查，发现时间逻辑问题及时跟踪闭环。

 **典型违章案例2：**

➢ **违章描述**

××220kV变电站2号主变扩建工程：布控球配置不足，不能覆盖全部工作区域。（一般违章）

> **违章图片**

图 2　布控球配置不足，不能覆盖全部工作区域

> **违反条款**

《国家电网有限公司安全管控中心工作规范（试行）》（安监二〔2019〕60号）第十四条：作业现场视频监控设备应满足以下要求：（三）各单位应结合实际明确不同专业、不同风险等级作业现场视频监控设备的配置数量和使用标准。

> **防范措施**

风险实施前，施工单位应根据风险点位置、数量等因素综合判断视频监控设备数量，监控设备可利用运行变电站现有监控、移动布控球等。作业开始前，工作负责人应再次确认视频监控设备数量和位置，确保满足监控需要。作业过程中，施工安全管理人员和监理人员应对视频监控数量和布设位置进行检查，发现问题及时督促整改。

**典型违章案例3：**

> ## 违章描述

××35kV 变电站增容改造工程作业：现场监理日志、旁站记录不全。（一般违章）

> ## 违章图片

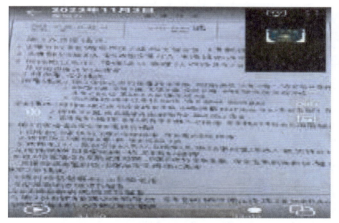

图 3　现场监理日志、旁站记录不全

> ## 违反条款

《建设工程监理规范》7.2.1 监理文件资料应包括下列主要内容：15 监理月报、监理日志、旁站监理。

> ## 防范措施

监理人员应对照现场作业内容如实记录监理日志、旁站记录，总监理工程应定期检查现场监理日志、旁站记录填写情况，发现问题及时督促整改。

 **典型违章案例4：**

> ## 违章描述

500kV××变电站扩建工程：多日的旁站记录表中未填写发现的问题、处理意见及旁站日期。（一般违章）

➢ **违章图片**

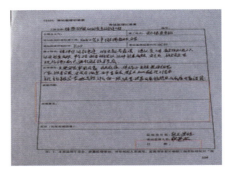

图 4  多日的旁站记录表中未填写发现的问题、处理意见及旁站日期

➢ **违反条款**

《建设工程监理规范》第 7.2.1 条：监理文件资料应包括下列主要内容：15 监理月报、监理日志、旁站监理。《典型违章库—监理部分》第 10 条。

➢ **防范措施**

监理人员应对照现场作业内容如实记录旁站记录，总监理工程应定期检查旁站记录填写情况，发现问题及时督促整改。

### 3.2.2  作业票（工作票）、勘察记录和安全标志

 **典型违章案例1：**

➢ **违章描述**

××110kV 变电站 110 间隔新增作业：现场勘察记录附图错误。存在作业人员不清楚带电部位风险。（一般违章）

➢ **违章图片**

图 5  现场勘察记录附图错误

> ➤ **违反条款**

《国家电网有限公司电力建设安全工作规程　第 1 部分：变电》5.3.2.4b）现场勘察应察看施工作业现场周边有无影响作业的建构筑物、地下管线、邻近设备、交叉跨越及地形、地质、气象等作业现场条件以及其他影响作业的风险因素，并提出安全措施和注意事项。

> ➤ **防范措施**

作业前，作业负责人应组织或参与现场勘察工作，参与勘察记录的编制工作，确保勘察记录附图与现场实际相符，监理人员应对勘察记录进行检查，检查勘察记录及附图是否与实际相符，发现问题及时整改闭环。

 **典型违章案例2：**

> ➤ **违章描述**

××750kV 变电站三期扩建工程电气施工作业：作业地点未设置"在此工作！"安全标志牌。存在安全措施不到位风险。（一般违章）

> ➤ **违章图片**

图 6　作业地点未设置"在此工作！"安全标志牌

> ➤ **违反条款**

《国家电网有限公司电力建设安全工作规程　第 1 部分：变电》12.3.3.4 在

作业地点悬挂"在此工作!"的安全标志牌。

> **防范措施**

作业负责人应按照工作票要求,提前准备安全标志牌,作业实施前,应将相关"安全标志牌"逐一悬挂至指定位置;施工安全管理人员、监理人员应加强巡视检查,发现问题及时督促整改闭环。

**典型违章案例3：**

> **违章描述**

××220kV 变电站配合××至××扩建间隔交流耐压试验作业:工作负责人未在工作票上分别对所列安全措施逐一确认,未在"已执行"栏打"√"进行确认。(一般违章)

> **违章图片**

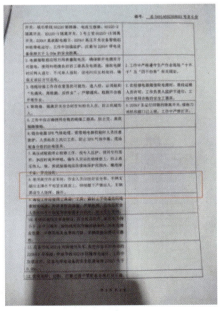

图 7　工作负责人未在工作票上分别对所列安全措施逐一确认

> **违反条款**

《国网安监部关于规范工作票(作业票)管理工作的通知》1.11 严格制定

安全措施。现场安全措施要与工作票所列安全措施一一对应，"已执行"栏要逐行确认。

> **防范措施**

改扩建变电站施工时，工作负责人应在作业前逐一核对工作票安全措施执行情况，安措已执行的，应及时打勾确认。施工安全管理人员、监理人员应对工作票填写情况进行检查，发现问题及时督促整改。

 **典型违章案例4：**

> **违章描述**

220kV××变电站 1 号主变更换、保护更换作业：二次工作勘察不到位，造成二次安措票执行中随意涂改、删减、增添项、执行未打√。（一般违章）

> **违章图片**

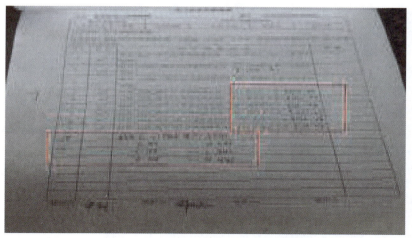

图 8  二次安措票执行中随意涂改、删减、增添项、执行未打√

> **违反条款**

《国家电网有限公司作业安全风险管控工作规定》第二十条：现场勘察应包括：工作地点需停电的范围，保留的带电部位，作业现场的条件、环境及其他危险点、需要采取的安全措施，附图及说明等内容。《电力安全工作规程（变电部分）》13.4.2 按二次工作安全措施票的顺序进行。

➢ **防范措施**

改扩建变电站施工时，工作负责人应在作业前逐一核对工作票安全措施执行情况，工作票内容不得随意涂改、删减，安措已执行的，应及时打勾确认。施工安全管理人员、监理人员应对工作票填写情况进行检查，发现问题及时督促整改。

**典型违章案例5：**

➢ **违章描述**

××牵引站 220kV 外部供电线路工程组合电器安装、电缆敷设作业：现场勘察记录中风险辨识不正确，与实际作业区域临近带电设备不符。（一般违章）

➢ **违章图片**

图 9　现场勘察记录中风险辨识不正确与实际作业区域临近带电设备不符

➢ **违反条款**

《国家电网有限公司作业安全风险管控工作规定》第二十条：现场勘察应包括：工作地点需停电的范围，保留的带电部位，作业现场的条件、环境及其他危险点、需要采取的安全措施，附图及说明等内容。

➢ **防范措施**

作业前，作业负责人应组织或参与现场勘察工作，参与勘察记录的编制工作，确保勘察记录内容与现场实际相符，监理人员应对勘察记录进行检查，检查勘察记录及附图是否与实际相符，发现问题及时整改闭环。

 **典型违章案例6：**

➤ **违章描述**

××35kV 变二期扩建工程：现场勘察单保留的带电部位填写"无"，现场实际与运行 1 号主变相邻。（一般违章）

➤ **违章图片**

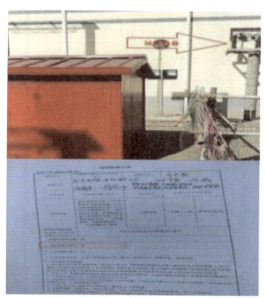

图 10 现场勘察单保留的带电部位填写"无"，现场实际与运行 1 号主变相邻

➤ **违反条款**

《国家电网有限公司作业安全风险管控工作规定》第二十条：现场勘察应包括：工作地点需停电的范围，保留的带电部位，作业现场的条件、环境及其他危险点、需要采取的安全措施，附图及说明等内容。《典型违章库—生产变电》第 50 条。

➤ **防范措施**

作业前，作业负责人应组织或参与现场勘察工作，参与勘察记录的编制工作，确保勘察记录内容与现场实际相符，监理人员应对勘察记录进行检查，检查勘察记录及附图是否与实际相符，发现问题及时督促整改闭环。

### 3.2.3  施工方案、施工三措

**典型违章案例1：**

> **违章描述**

××220kV 变电站 35kV 间隔扩建工程："三措一案"（专项）施工方案审批意见未填写。存在安全管控措施不到位风险。（一般违章）

> **违章图片**

图 11　"三措一案"（专项）施工方案审批意见未填写

> **违反条款**

《国家电网有限公司作业安全风险管控工作规定》第二十五条作业风险评估定级完成后，作业单位应根据现场勘察结果和风险评估定级的内容制定管控措施，编制审批"两票""三措一案"。

> **防范措施**

加强施工方案审查管理，工程开工前，监理项目部应结合第一次工地会议明确施工方案审查的具体要求；工程施工方案审批时，监理项目部、业主项目部相关人员应及时填写审查意见；工程施工过程中，监理项目部应定期检查施

工方案审批情况，发现问题及时督促闭环。

 **典型违章案例2：**

> **违章描述**

220kV××变电站 1 号主变更换、保护更换作业：主变更换施工方案为起重作业方案，未体现变压器上下台具体技术措施和安全措施。（一般违章）

> **违章图片**

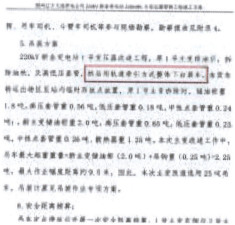

图 12　起重作业方案，未体现变压器上下台具体技术措施和安全措施

> **违反条款**

《国家电网有限公司作业安全风险管控工作规定》第二十五条：作业风险评估定级完成后，作业单位应根据现场勘察结果和风险评估定级的内容制定管控措施，编制审批"两票""三措一案"。

> **防范措施**

加强施工方案审查管理，工程开工前，监理项目部应结合第一次工地会议明确施工方案审查的具体要求；工程施工方案审批时，应重点审查施工方案技术措施和安全措施是否到位，监理项目部、业主项目部相关人员应及时填写审查意见；工程施工过程中，监理项目部应定期检查施工方案审批情况，核实现场安全措施和技术措施是否与方案一致，发现问题及时督促闭环。

### 3.2.4 安全工器具、施工机具

 **典型违章案例1：**

> **违章描述**

330kV××变电站第五串设备安装作业：现场一名作业人员未佩戴安全帽。存在物体打击风险。（一般违章）

> **违章图片**

图 13　现场一名作业人员未佩戴安全帽

> **违反条款**

《国家电网公司电力安全工作规程（变电部分）》4.3.4 进入作业现场应正确佩戴安全帽。

> **防范措施**

一是加强站班会安全交底。结合每日站班会清点作业人员数量，检查作业人员安全帽佩戴情况，强调佩戴安全帽的必要性。二是加强临时人员安全管控。加强对当日临时增加人员的安全管控，未佩戴安全帽者不得进场作业。三是加强过程安全检查。发现未佩戴安全帽者，应及时制止。

 **典型违章案例2：**

> **违章描述**

××500kV 变电站扩建工程 GIS 组合电器安装：现场施工人员使用的手持

切割机无防护罩。存在切割伤人风险。（一般违章）

➢ **违章图片**

图 14　施工人员使用的手持切割机无防护罩

➢ **违反条款**

《国家电网有限公司电力建设安全工作规程　第 1 部分：变电》8.2.1.3 机械的安全防护装置及监测、指示、仪表、报警等自动报警、信号装置应完好齐全。

➢ **防范措施**

一是加强施工机具使用前检查。结合每日站班会对施工机具进行检查，发现旋转部位没有防护罩的，要求施工单位及时进行更换。二是加强过程安全检查。施工安全管理人员、监理人员应加强过程安全检查，发现问题的，要求相关人员立即停止使用相关安全工器具并及时更换。

 **典型违章案例3：**

➢ **违章描述**

××110kV 变电站 110 间隔新增作业：现场作业人员戴手套抡大锤。存在大锤反击力伤人风险。（一般违章）

➢ **违章图片**

图 15　作业人员戴手套抡大锤

➢ **违反条款**

《国家电网公司电力安全工作规程变电部分》16.4.1.2 禁止戴手套或单手抡大锤，周围不准有人靠近。狭窄区域，使用大锤应注意周围环境，避免反击力伤人。

➢ **防范措施**

作业前，作业负责人应结合站班会进行安全交底，明确抡大锤不得戴手套；作业过程中，施工安全管理人员、监理人员应加强巡视检查，发现抡大锤戴手套的，应及时制止。

 **典型违章案例4：**

➢ **违章描述**

110kV××变 2 号主变扩建工程电气安装作业：作业现场有人员未佩戴安全帽。存在人员受到物体打击、机械伤害的风险。（一般违章）

➢ **违章图片**

图 16　作业现场有人员未佩戴安全帽

&gt;　**违反条款**

《国家电网有限公司电力建设安全工作规程　第1部分：变电》6.1.3进入施工现场的人员应正确佩戴安全帽，根据作业工种或场所需要选配个体防护装备。

&gt;　**防范措施**

一是加强站班会安全交底。结合每日站班会清点作业人员数量，检查作业人员安全帽佩戴情况，强调佩戴安全帽的必要性。二是加强临时人员安全管控。加强对当日临时增加人员的安全管控，未佩戴安全帽者不得进场作业。三是加强过程安全检查。发现未佩戴安全帽者，应及时制止。

 **典型违章案例5：**

&gt;　**违章描述**

××220kV变电站220kV范兴集间隔扩建施工作业：手持切割机进行切割作业时，操作人员未佩戴护目镜。（一般违章）

&gt;　**违章图片**

图17　切割作业时操作人员未佩戴护目镜

&gt;　**违反条款**

《国家电网公司电力安全工作规程（变电部分）》16.4.1.8使用砂轮研磨时，应戴防护眼镜或装设防护玻璃。

&gt;　**防范措施**

一方面是加强安全工器具配备。切割、研磨作业前，施工单位应配齐防护眼镜等安全工器具，监理单位应对安全工器具进行审查。另一方面是加强过程检查监督，施工单位安全管理人员和监理人员应对切割、研磨作业进行检查监督，发现未使用防护眼镜的，应及时督促整改。

### 典型违章案例6：

> **违章描述**

220kV××变电站2号主变中性点成套装置、低压侧母线桥安装作业：电焊作业人员焊接过程中未戴护目镜，且安全带无隔热防磨措施。（一般违章）

> **违章图片**

图 18　电焊作业人员焊接过程中未戴护目镜，且安全带无隔热防磨措施

> **违反条款**

《国家电网有限公司电力建设安全工作规程　第1部分：变电》8.2.18.5 焊接操作及清除焊渣时应戴防护眼镜及专用手套，且人体头部应避开敲击焊渣飞溅方向。

> **防范措施**

一方面是加强安全工器具配备。焊接作业前，施工单位应配齐防护眼镜等安全工器具，监理单位应对安全工器具进行审查，涉及焊接作业用的安全带，应具有隔热防磨功能。另一方面是加强过程检查监督，施工单位安全管理人员和监理人员应对焊接作业进行检查监督，发现未使用防护眼镜的，应及时督促整改。

### 典型违章案例7：

> **违章描述**

××220kV输变电工程（变电工程）：现场使用的弯排机超出检验日期。（一般违章）

➢ **违章图片**

图 19 弯排机超出检验日期

➢ **违反条款**

《国家电网有限公司电力建设安全工作规程 第 1 部分：变电》第 5.1.3 条：相关机械、工器具应经检验合格，通过进场检查，安全防护设施及防护用品配置齐全、有效。

《典型违章库—基建变电》第 71 条。

➢ **防范措施**

一方面是加强施工机具审查，重点检查施工机具是否合格，是否在合格有效期内。另一方面是加强施工过程监督，施工单位管理人员、监理人员应加强检查巡查，发现问题及时更换相关机具设备。

 **典型违章案例8：**

➢ **违章描述**

××110kV 变电站 66kVI 母线电压互感器更换作业：雨天现场焊接作业，且未采取防雨措施。（一般违章）

➢ **违章图片**

图 20 雨天现场焊接作业未采取防雨措施

> **違反條款**

《國家電網有限公司電力安全工作規程（變電部分）》6.5.4 在風力超過 5 級及下雨雪時，不可露天進行焊接或切割工作。如必須進行時，應採取防風、防雨雪的措施。

> **防範措施**

作業前，作業負責人應提前查看天氣情況，涉及雨天進行焊接作業的，應提前採取防雨措施；作業過程中，施工安全管理人員、監理人員應加強巡視檢查，發現雨天焊接作業未採取防雨措施的，應立即制止並督促閉環整改。

 **典型違章案例9：**

> **違章描述**

××220kV 變電站 220kV 間隔改造工程站內改造作業：電焊作業人員未佩戴防護眼鏡和防護手套。（一般違章）

> **違章圖片**

图 21　电焊作业人员未佩戴防护眼镜和防护手套

> **違反條款**

《國家電網有限公司電力建設安全工作規程　第 1 部分：變電》7.4.1.2 作業人員在觀察電弧時，應使用帶有濾光鏡的頭罩或手持面罩，或佩戴安全鏡、護目鏡或其他合適的眼鏡。

> ➤ **防范措施**

一方面是加强安全工器具配备。焊接作业前，施工单位应配齐防护眼镜、防护手套等安全工器具，监理单位应对安全工器具进行审查。另一方面是加强过程检查监督，施工单位安全管理人员和监理人员应对焊接作业进行检查监督，发现未使用防护眼镜、防护手套的，应及时督促整改。

 **典型违章案例10：**

> ➤ **违章描述**

××220kV变电站220kV间隔改造工程站内改造作业：作业人员使用的手持切割机无防护罩。（一般违章）

> ➤ **违章图片**

图22　手持切割机无防护罩

> ➤ **违反条款**

《国家电网有限公司电力建设安全工作规程　第1部分：变电》8.2.1.3机械的安全防护装置及监测、指示、仪表、报警等自动报警、信号装置应完好齐全。

> ➤ **防范措施**

一是加强施工机具使用前检查。结合每日站班会对施工机具进行检查，发现旋转部位没有防护罩的，要求施工单位及时进行更换。二是加强过程安全检查。施工安全管理人员、监理人员应加强过程安全检查，发现问题的，要求相关人员立即停止使用相关安全工器具并及时更换。

**典型违章案例11：**

➢ **违章描述**

××110kV 变电站 2 号主变扩建工程一次电气设备安装作业：固定链条葫芦的钢丝绳端部绳卡压板不在主要受力方向一边，且正反交叉设置。（一般违章）

➢ **违章图片**

图 23 钢丝绳端部绳卡压板不在主要受力方向一边且正反交叉设置

➢ **违反条款**

《国家电网有限公司电力建设安全工作规程 第 1 部分：变电》8.3.3.4 钢丝绳端部用绳卡固定连接时，绳卡压板应在钢丝绳主要受力的一边，并不得正反交叉设置。

➢ **防范措施**

一方面是加强作业前安全交底。工作负责人应结合站班会对绳卡了解要求进行交底，明确"绳卡压板应在钢丝绳主要受力的一边，并不得正反交叉设置"。另一方面是加强过程安全检查。施工安全管理人员、监理人员应结合安全巡视，加强对施工工器具的检查，发现问题及时督促整改闭环。

 **典型违章案例12：**

➢ **违章描述**

××220kV 变电站 220kV 间隔扩建工程电气施工作业：现场使用的手持切割机砂轮无防护罩。（一般违章）

> ➤ **违章图片**

图 24　现场使用的手持切割机砂轮无防护罩

> ➤ **违反条款**

《国家电网公司电力安全工作规程（变电部分）》16.4.1.8 砂轮应装有用钢板制成的防护罩，其强度应保证当砂轮碎裂时挡住碎块。防护罩至少要把砂轮的上半部罩住。禁止使用没有防护罩的砂轮。砂轮机的安全罩应完整。

> ➤ **防范措施**

一是加强施工机具使用前检查。结合每日站班会对施工机具进行检查，发现旋转部位没有防护罩的，要求施工单位及时进行更换。二是加强过程安全检查。施工安全管理人员、监理人员应加强过程安全检查，发现问题的，要求相关人员立即停止使用相关安全工器具并及时更换。

 **典型违章案例13：**

> ➤ **违章描述**

××500kV 变电站扩建施工作业：高空作业车人工地体埋深不足。（一般违章）

> ➤ **违章图片**

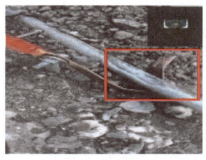

图 25　高空作业车人工地体埋深不足

> **违反条款**

《国家电网有限公司电力建设安全工作规程　第1部分：变电》6.5.5人工接地体的顶面埋设深度不宜小于0.6m。

> **防范措施**

一方面是加强事前管控。高空作业前，作业负责人应对高空作业车接地情况进行检查，重点检查接地体规格、接地体埋设深度。另一方面是加强过程检查。重点对高空作业车接地情况进行检查，检查接地是否出现松动等问题。

### 典型违章案例14：

> **违章描述**

××变电站220kV新建间隔电气设备安装作业：站内户外作业人员未戴安全帽，作业现场多人吸烟。（一般违章）

> **违章图片**

图26　站内户外作业人员未戴安全帽，作业现场多人吸烟

> **违反条款**

《国家电网有限公司电力安全工作规程：变电部分》4.3.4进入作业现场应正确佩戴安全帽，现场作业人员应穿全棉长袖工作服、绝缘鞋。《国家电网有限公司电力建设安全工作规程　第1部分：变电》6.6.1.4作业现场禁止吸烟。

> **防范措施**

一是加强站班会安全交底。结合每日站班会清点作业人员数量，检查作业人员安全帽佩戴情况，强调佩戴安全帽的必要性，禁止人员流动吸烟。二是加强临时人员安全管控。加强对当日临时增加人员的安全管控，未佩戴安全帽者不得进场作业。三是加强过程安全检查。施工安全管理人员、监理人员发现未佩戴安全帽、流动吸烟者，应及时制止。

**典型违章案例15：**

➢ **违章描述**

110kV××变110kV扩建间隔所属一次设备连接线和引流线搭接作业：运行变电站现场使用斗臂车作业时未装设接地线。（一般违章）

➢ **违章图片**

图27　运行变电站现场使用斗臂车作业时未装设接地线

➢ **违反条款**

《国家电网公司电力安全工作规程（变电部分）》17.2.1.8 在变电站内使用起重机械时，应安装接地装置，接地线应用多股软铜线，其截面应满足接地短路容量的要求，但不得小于16mm$^2$。

➢ **防范措施**

一方面是加强事前管控。高空作业前，作业负责人应对斗臂车接地情况进行检查，重点检查接地体规格、接地体埋设深度。另一方面是加强过程检查。

重点对斗臂车接地情况进行检查，检查接地是否出现松动等问题。

### 3.2.5 高处作业

**典型违章案例1：**

➤ **违章描述**

××220kV 变电站 66kV 间隔扩建工程间隔母线连接作业：高处作业人员随手抛掷工具和材料。（一般违章）

➤ **违章图片**

图 28 高处作业人员随手抛掷工具和材料

➤ **违反条款**

《国家电网有限公司电力建设安全工作规程　第 1 部分：变电》7.1.12 高处作业所用的工具和材料应放在工具袋内或用绳索拴在牢固的构件上，较大的工具应系保险绳。上下传递物件应使用绳索，不得抛掷。

➤ **防范措施**

加强作业前安全交底，作业负责人结合站班会对高处作业人员进行交底，明确高处作业不得"高空抛物"，上下传递物件应使用绳索。加强作业过程中安全检查，安全监护人员、监理人员应注意观察，发现有"高空抛物"行为的，及时予以制止。

**典型违章案例2：**

➤ **违章描述**

××220kV 变电站 220kV 间隔改造工程站内改造作业：作业人员高空抛物。（一般违章）

➤ **违章图片**

图 29　作业人员高空抛物

➤ **违反条款**

《国家电网公司电力安全工作规程（变电部分）》18.1.13 禁止将工具及材料上下投掷，应用绳索拴牢传递，以免打伤下方作业人员或击毁脚手架。

➤ **防范措施**

加强作业前安全交底，作业负责人结合站班会对高处作业人员进行交底，明确高处作业不得"高空抛物"，上下传递物件应使用绳索。加强作业过程中安全检查，安全监护人员、监理人员应注意观察，发现有"高空抛物"行为的，及时予以制止。

### 3.2.6　起重作业

 **典型违章案例1：**

➤ **违章描述**

××110kV 变电站扩建工程：吊车的支腿衬垫的枕木不符合要求（长度小

于 1.2m）。存在吊车倾倒风险。（一般违章）

➤ **违章图片**

图 30 吊车的支腿衬垫的枕木不符合要求（长度小于 1.2m）

➤ **违反条款**

《输变电工程建设施工安全风险管理规程》起重机作业位置的地基稳固，附近的障碍物清除。衬垫支腿枕木不得少于两根且长度不得小于 1.2m。

➤ **防范措施**

一方面是加强设备进场前检查签证，吊车进场前监理人员应组织对吊车及其附属设施（枕木）进行检查，确认设备设施合格后方可准予进场。另一方面是加强过程安全检查，施工单位安全管理人员、现场监理人员要加强安全巡视，发现枕木问题的，应要求停止起重作业并更换枕木。

 **典型违章案例2：**

➤ **违章描述**

××110kV 输变电工程：吊车接地线截面积小于 16mm² 且接地体埋深不足 0.6m（经询问现场负责人）。存在接地保护失效的风险。（一般违章）

> ➤ 违章图片

图 31　吊车接地线截面积小于 16mm² 且接地体埋深不足 0.6m

> ➤ **违反条款**

《国家电网有限公司电力建设安全工作规程　第 1 部分：变电》7.3.20 起重机在作业时，车身应使用截面积不小于 16mm² 软铜线可靠接地。

《国家电网有限公司电力建设安全工作规程　第 1 部分：变电》6.5.5g）1）人工接地体的顶面埋设深度不宜小于 0.6m。

> ➤ **防范措施**

一方面是加强事前管控。起重作业前，作业负责人应对起重机接地情况进行检查，重点检查接地体规格、接地体埋设深度。另一方面是加强过程检查。重点对起重机接地情况进行检查，检查接地是否出现松动等问题。

 **典型违章案例3：**

> ➤ **违章描述**

××220kV 变电站 220kV 孔村间隔改造工程：起吊作业时，吊带与构架绑扎不牢固且无控制绳。存在起吊重心不稳，吊物晃动脱落风险。（一般违章）

➢ **违章图片**

图 32　吊带与构架绑扎不牢固且无控制绳

➢ **违反条款**

《国家电网有限公司电力建设安全工作规程　第 1 部分：变电》7.3.15 起吊物体应绑扎牢固，吊钩应有防止脱钩的保险装置。若物体有棱角或特别光滑的部位时，在棱角和滑面与绳索（吊带）接触处应加以包垫。起重吊钩应挂在物件的重心线上。

➢ **防范措施**

一方面是加强技能培训，施工单位应组织对司索工进行培训，确保掌握相关技能并取得证书。另一方面是做好起吊前检查工作，司索人员应做好绑扎工作，吊件离地面约 100mm 时，应停止起吊，全面检查确认无问题后，方可继续。

 **典型违章案例4：**

➢ **违章描述**

220kV××变电站改造作业：起重作业所用钢丝绳套插接长度不足300mm。存在钢丝绳套断裂的风险。（一般违章）

142

➢　**违章图片**

图 33　起重作业所用钢丝绳套插接长度不足 300mm

➢　**违反条款**

《国家电网有限公司电力建设安全工作规程　第 1 部分：变电》8.3.3.5 插接
的环绳或绳套，其插接长度应不小于钢丝绳直径的 15 倍，且不得小于 300mm。

➢　**防范措施**

起重作业前，监理人员应对施工单位报审的钢丝绳进行审查，检查绳套插
接长度是否满足要求；施工过程中，施工单位安全管理人员、监理人员应加强
对起重工器具的检查，发现问题及时跟踪整改。

 **典型违章案例5：**

➢　**违章描述**

66kV××变电站临时过渡工程 3 号变压器安装作业：吊装作业时，吊带与
构架接触处未包垫。（一般违章）

➢　**违章图片**

图 34　吊带与构架接触处未包垫

> **违反条款**

《国家电网有限公司电力建设安全工作规程 第 1 部分：变电》7.3.15 若物体有棱角或特别光滑的部位时，在棱角和滑面与绳索（吊带）接触处应加以包垫。

> **防范措施**

起重作业前，工作负责人应就起重作业相关安全要求进行交底，涉及吊带与棱角接触的部位应加以包垫；施工过程中，施工单位安全管理人员、监理人员应加强安全检查，发现问题及时督促整改。

**典型违章案例6：**

> **违章描述**

××220kV 开关站 HGIS 组合电器安装作业：吊车支腿的枕木数量不足且尺寸不规范（长度小于 1.2m）。（一般违章）

> **违章图片**

图 35 吊车支腿的枕木数量不足且尺寸不规范（长度小于 1.2m）

> **违反条款**

《输变电工程建设施工安全风险管理规程》表 H：起重机作业位置的地基稳固，附近的障碍物清除。衬垫支腿枕木不得少于两根且长度不得小于 1.2m。

> **防范措施**

一方面是加强设备进场前检查签证，吊车进场前监理人员应组织对吊车及其附属设施（枕木）进行检查，确认设备设施合格后方可准予进场。另一方面是加强过程安全检查，施工单位安全管理人员、现场监理人员要加强安全巡视，发现枕木问题的，应要求停止起重作业并更换枕木。

 **典型违章案例7：**

➤ **违章描述**

××110kV 输变电工程主变附件安装作业：午休停工期间，现场吊车吊臂未收回。（一般违章）

➤ **违章图片**

图 36　午休停工期间，现场吊车吊臂未收回

➤ **违反条款**

《国家电网有限公司电力建设安全工作规程　第 1 部分：变电》8.1.2.9 起吊作业完毕后，应先将臂杆放在支架上，后起支腿；吊钩应用专用钢丝绳挂牢或固定于规定位置。

➤ **防范措施**

作业前，工作负责人应结合站班会对吊车司机进行安全交底，明确"吊车停止使用时，应将吊臂收回"；施工过程中，安全监护人员、监理人员应加强安全检查，发现长时间未施工的，应及时督促吊车司机将吊臂收回。

**典型违章案例8：**

➤ **违章描述**

××750kV 变电站主变扩建工程 330kV 进线构架组装作业：构架吊装时，卸扣销轴扣在活动的钢丝套内。（一般违章）

➤ **违章图片**

图 37　卸扣销轴扣在活动的钢丝套内

➤ **违反条款**

《国家电网有限公司电力建设安全工作规程　第 1 部分：变电》8.3.6.3 销轴不得扣在能活动的绳套或索具内。

➤ **防范措施**

起重作业前，作业负责人应结合施工方案和规程规范要求，将起重作业要求与作业人员进行交底，应配齐作业所需起重工器具；起重作业时，司索人员应做好绑扎工作，吊物调离地面约 100mm 时，应停止起吊，全面检查确认无问题后，方可继续；施工过程中，施工管理人员、监理人员应加强过程监督，发现问题督促闭环整改。

 **典型违章案例9：**

➤ **违章描述**

××220kV 变电站新建工程电气施工作业：起吊重物，绑扎不可靠，且未

146

使用控制绳。（一般违章）

> **违章图片**

图 38　起吊重物绑扎不可靠且未使用控制绳

> **违反条款**

《国家电网有限公司电力建设安全工作规程　第 1 部分：变电》8.1.1.3 吊件吊起 100mm 后应暂停，检查起重系统的稳定性、制动器的可靠性、物件的平稳性、绑扎的牢固性，确认无误后方可继续起吊。对易晃动的重物应拴好控制绳。

> **防范措施**

一方面是加强技能培训，施工单位应组织对司索工进行培训，确保掌握相关技能并取得证书。另一方面是做好起吊前检查工作，司索人员应做好绑扎工作，吊件离地面约 100mm 时，应停止起吊，全面检查确认无问题后，方可继续。

 **典型违章案例10：**

> **违章描述**

××220kV 变电站 220kV 国钛纳米间隔扩建工程吊装作业：起吊作业过程中对易晃动的重物，未使用控制绳。（一般违章）

➢ **违章图片**

图 39 起吊作业过程中对易晃动的重物未使用控制绳

➢ **违反条款**

《国家电网有限公司电力建设起重机械安全监督管理办法》附件 5 起重作业相关安全规定吊件吊起 100mm 后应暂停，检查起重系统的稳定性、制动器的可靠性、物件的平稳性、绑扎的牢固性，确认无误后方可继续起吊。对易晃动的重物应拴好控制绳。

➢ **防范措施**

一方面是加强技能培训，施工单位应组织对司索工进行培训，确保掌握相关技能并取得证书。另一方面是做好起吊前检查工作，司索人员应做好绑扎工作，吊件离地面约 100mm 时，应停止起吊，全面检查确认无问题后，方可继续。

 **典型违章案例11：**

➢ **违章描述**

××330kV 变电站 330kV 间隔扩建作业：变电站内使用的吊车接地点油漆未清除。（一般违章）

➢　**违章图片**

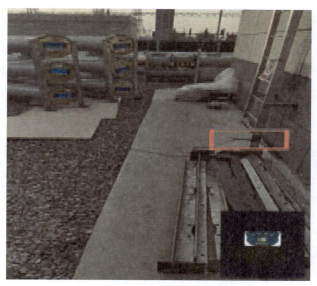

图40　变电站内使用的吊车接地点油漆未清除

➢　**违反条款**

《国家电网公司电力安全工作规程（变电部分）》17.2.1.8 在变电站内使用起重机械时，应安装接地装置，接地线应用多股软铜线，其截面应满足接地短路容量的要求，但不得小于 16mm²。

➢　**防范措施**

一方面是加强事前管控。起重作业前，作业负责人应对起重机接地情况进行检查，重点检查接地体规格、接地体埋设深度、接地点油漆是否清楚。另一方面是加强过程检查。施工单位安全管理人员、监理人员应加强对起重机接地情况进行检查，发现问题及时督促整改。

 **典型违章案例12：**

➢　**违章描述**

××330kV 变电站 330kV 间隔扩建作业：起吊重物时，未使用控制绳。（一般违章）

> 违章图片

图 41  起吊重物时未使用控制绳

> 违反条款

《国家电网有限公司电力建设安全工作规程  第 1 部分：变电》8.1.1.3 吊件吊起 100mm 后应暂停，检查起重系统的稳定性、制动器的可靠性、物件的平稳性、绑扎的牢固性确认无误后方可继续起吊。对易晃动的重物应拴好控制绳。

> 防范措施

一方面是加强技能培训，施工单位应组织对司索工进行培训，确保掌握相关技能并取得证书。另一方面是做好起吊前检查工作，司索人员应做好绑扎工作，吊件离地面约 100mm 时，应停止起吊，全面检查确认无问题后，方可继续。

### 3.2.7  临时用电和消防

 典型违章案例1：

> 违章描述

××220kV 输变电工程电气工程：电焊机接地线接地端接触不良。存在低压触电风险。（一般违章）

➤  **违章图片**

图 42　电焊机接地线接地端接触不良

➤  **违反条款**

《国家电网公司电力安全工作规程（变电部分）》16.4.2.5 电动的工具、机具应接地或接零良好。

➤  **防范措施**

一是加强接地线事前审查，发现接地线规格不满足要求、接地线破损、螺栓不匹配等问题的应及时更换接地线。二是加强过程安全检查，施工单位安全管理人员、现场监理人员要加强旁站和安全巡视，发现接地线问题的，应及时整改闭环；接地线涉及长期接地的，应定期测量接地电阻，接地电阻不满足要求的，应更换接地线。

 **典型违章案例2：**

➤  **违章描述**

110kV××变 2 号主变扩建工程：现场存在电动工器具未用漏保，违反"一机一闸一保护"要求。存在作业人员触电风险。（一般违章）

➤  **违章图片**

图 43　现场存在电动工器具未用漏保

➤ **违反条款**

《国家电网有限公司电力建设安全工作规程　第 1 部分：变电》6.5.4 配电及照明要求：q）电动机械或电动工具应做到"一机一闸一保护"。

➤ **防范措施**

在临时用电设施启用前，应严格按照施工方案和临时用电规范对配电箱和配电线路进行检查，避免不满足要求的临时用电设备放置在施工现场；在施工过程中，应定期对临时用电设施进行抽查，发现问题及时跟踪闭环整改。

 **典型违章案例3：**

➤ **违章描述**

××110kV 变电站扩建工程：现场 1 个电源线盘漏电保护器失效。存在漏电伤人风险。（一般违章）

➤ **违章图片**

图 44　现场电源线盘漏电保护器失效

> **违反条款**

《国家电网有限公司电力建设安全工作规程　第 1 部分：变电》8.3.8.5 连接电动机具的电气回路应单独设开关或插座，并装设剩余电流动作保护装置（漏电保护器）。

> **防范措施**

在临时用电设施启用前，应严格按照施工方案和临时用电规范对配电设置进行检查，避免不满足要求的临时用电设备放置在施工现场；在施工过程中，应定期对临时用电设施进行抽查，发现问题及时跟踪闭环整改。

 **典型违章案例4：**

> **违章描述**

××110kV 输变电工程：现场配置的灭火器均无检查记录。存在灭火器失效无法及时发现风险。（一般违章）

> **违章图片**

图 45　现场配置的灭火器均无检查记录

> **违反条款**

《国家电网有限公司电力建设安全工作规程　第 1 部分：变电》第 6.6.1.3 条：消防设施应有防雨、防冻措施，并定期进行检查、试验，确保有效。

> **防范措施**

一方面是要明确消防安全管理责任，施工单位要安排专人从事消防安全管理，对配置的灭火器进行检查，并记录检查情况；另一方面是要加强过程监督，施工单位安全管理人员及监理人员应加强定期检查，发现消防器材未检查、消防器材过期等问题的，及时督促整改闭环。

### 典型违章案例5：

> **违章描述**

35kV××变电站 1 号主变更换作业：氧气瓶、乙炔瓶防振圈缺失；乙炔瓶未安装防回火装置，气管与减压阀连接处表面有裂纹。（一般违章）

> **违章图片**

图 46　氧气瓶、乙炔瓶防振圈缺失；乙炔瓶无防回火装置，
气管与减压阀连接处有裂纹

> **违反条款**

《国家电网有限公司电力建设安全工作规程　第 1 部分：变电》7.4.4.16 气瓶瓶阀及管接头处不得漏气。7.4.4.19 施工现场的乙炔气瓶应安装防回火装置7.4.4.20 气瓶应佩戴 2 个防振圈。

> **防范措施**

施工作业前，作业负责人、监理人员应对气瓶进行安全检查，避免不合格的气瓶进入施工现场；作业过程中，施工安全管理人员、监理人员应加强巡视检查，发现有防振圈缺失、乙炔瓶未安装防回火装置等问题的，应立即停止相关作业，并督促问题整改闭环。

**典型违章案例6：**

> **违章描述**

××110kV 变电站工程电缆敷设及二次接线作业：施工现场使用的一级配电箱未接地。（一般违章）

> **违章图片**

图 47  施工现场使用的一级配电箱未接地

> **违反条款**

《国家电网有限公司电力建设安全工作规程  第 1 部分：变电》6.5.4e）配电箱应坚固，金属外壳接地或接零良好。

> **防范措施**

施工单位应做好临时用电方案（施工组织设计）编制工作，明确接线方式、配电箱数量、接地方式等，监理单位应加强对方案的审核把关，监理人员应组织开展临时用电设施专项检查验收,发现问题督促施工单位及时整改闭环。

155

**典型违章案例7：**

➢ **违章描述**

××66kV 变电站改造工程：现场灭火器压力表指示"超充装"，未按期检查。（一般违章）

➢ **违章图片**

图 48　现场灭火器压力表指示"超充装"

➢ **违反条款**

《国家电网有限公司消防安全监督检查工作规范》第 5.5.2 条：每月至少进行一次防火检查。防火检查内容应包括防火巡查、消防设施器材运维、火灾隐患整改、消防宣传和应急演练等情况。附录表（A.2）19.2 灭火器外观完好，型号标识应清晰、完整。储压式灭火器压力符合要求，压力表指针在绿区，在有效期内。《典型违章库—基建变电》第 62 条。

➢ **防范措施**

施工单位应建立消防器材定期检查机制，重点检查灭火器外观、型号标识、压力表等，发现问题应及时更换灭火器。监理人员应结合安全巡视对消防器材进行检查，发现问题督促施工单位及时整改闭环。

 **典型违章案例8：**

➢ **违章描述**

××500kV 变电站 220kV 母线改造工程 GIS 组合电器安装、土方开挖作业：电缆接头无防水措施。（一般违章）

> 违章图片

图 49　电缆接头无防水措施

> **违反条款**

《国家电网有限公司电力建设安全工作规程　第 1 部分：变电》6.5.4h）电缆线路应采用埋地或架空敷设，不得沿地面明设，并应避免机械损伤和介质腐蚀。电缆接头处应有防水和防触电的措施。《典型违章库－基建变电部分》第 66 条。

> **防范措施**

现场临时用电应由专业电工统一管理，电缆线路应架空或埋地，避免机械损伤。电缆接头处应用绝缘胶带包裹，电工应定期检查胶带包裹是否完整。施工单位安全管理人员、监理人员应定期对电缆线路进行检查，发现问题及时督促整改闭环。

 **典型违章案例9：**

> 违章描述

××220kV 变电站主变扩建作业：电焊机电源线沿地面明设且一次接线过长，超过 5m。（一般违章）

> **违章图片**

图 50　电焊机电源线沿地面明设且一次接线过长

> **违反条款**

《国家电网有限公司电力建设安全工作规程　第 1 部分：变电》6.5.4h）电缆线路应采用埋地或架空敷设，不得沿地面明设，并应避免机械损伤和介质腐蚀。电缆接头处应有防水和防触电的措施。《施工现场临时用电安全技术规范》9.5 焊接机械 9.5.2 交流弧焊机变乐器地一次侧电源线长度不应大于 5m，其电源进线处必须设置防护罩．发电机式直流电焊机地换向器应经常检查和维护，应消除可能产生地异常电火花。

> **防范措施**

在临时用电设施启用前，应严格按照施工方案和临时用电规范对配电设置进行检查，避免不满足要求的临时用电设备放置在施工现场，现场临时用电设施应严格按照施工方案进行配置，电缆应架空或埋地，且一次接线不得超过 5m；在施工过程中，应定期对临时用电设施进行抽查，发现问题及时跟踪闭环整改。

 **典型违章案例10：**

> **违章描述**

××500kV 变电站新建工程变压器、HGIS 及电抗器等一次设备安装施工（三级风险）：一级电源箱和二级电源箱未加锁，电源线接头裸露，烧损严重未

更换，存在触电风险。（一般违章）

➤ **违章图片**

图 51　一级电源箱和二级电源箱未加锁，电源线接头裸露

➤ **违反条款**

《国家电网有限公司电力建设安全工作规程　第 1 部分：变电》6.5.6c）配电室和现场的配电柜或总配电箱、分配电箱应配锁具。6.5.4e）配电箱应坚固，金属外壳接地或接零良好，其结构应具备防火、防雨的功能，箱内的配线应采取相色配线且绝缘良好，导线进出配电柜或配电箱的线段应采取固定措施，导线端头制作规范，连接应牢固。操作部位不得有带电体裸露。p）不同电压等级的插座与插销应选用相应的结构，不得用单相三孔插座代替三相插座。单相插座应标明电压等级。《典型违章库-基建变电》第 64 条。

➤ **防范措施**

施工过程中，工作负责人应加强对临时用电设施的检查，检查电源箱锁具是否损坏、电源线接头是否可靠包裹，施工安全管理人员、监理人员应加强日常安全巡视检查，发现问题及时跟踪闭环整改。

**典型违章案例11：**

➢ **违章描述**

××110kV 输变电工程：吊车操作室内的消防器材无检查记录。（一般违章）

➢ **违章图片**

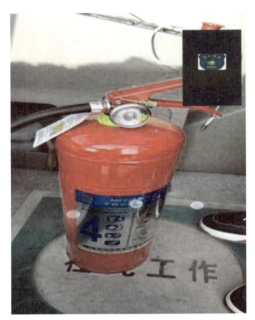

图 52　吊车操作室内的消防器材无检查记录

➢ **违反条款**

《国家电网有限公司电力建设安全工作规程　第 1 部分：变电》6.6.1.3 消防设施应有防雨、防冻措施，并定期进行检查、试验，确保有效。

➢ **防范措施**

一方面是要明确消防安全管理责任，施工单位要安排专人从事消防安全管理，对配置的灭火器进行检查，并记录检查情况；另一方面是要加强过程监督，施工单位安全管理人员及监理人员应加强定期检查，发现消防器材未检查、消防器材过期等问题的，及时督促整改闭环。

### 3.2.8 临近带电体作业

 **典型违章案例1:**

> **违章描述**

330kV××变电站第五串设备安装作业：现场335227接地刀闸已合，但现场335227手柄标示牌悬挂"禁止合闸，有人工作"。存在误操作风险。（一般违章）

> **违章图片**

图53 现场335227接地刀闸已合但悬挂"禁止合闸，有人工作"

> **违反条款**

《国家电网公司电力安全工作规程（变电部分）》7.5.1对由于设备原因，接地刀闸与检修设备之间连有断路器（开关），在接地刀闸和断路器（开关）合上后，在断路器（开关）操作把手上，应悬挂"禁止分闸！"的标示牌。

> **防范措施**

加强安全措施核查。作业开工前，工作负责人和监理人员应认真核对工作票上安全措施是否合理；施工过程中，应全数检查施工现场是否按照工作票要求落实相关安全措施，发现未落实的应及时整改。

**典型违章案例2：**

➤ **违章描述**

直流 500kV××换流站设备改造：现场搬运金属长管时，未两人放倒搬运。存在物体打击和触电伤人风险。（一般违章）

➤ **违章图片**

图 54　金属长管未两人放倒搬运

➤ **违反条款**

《国家电网公司电力安全工作规程变电部分》16.1.10 在户外变电站和高压室内搬动梯子、管子等长物，应两人放倒搬运，并与带电部分保持足够的安全距离。

➤ **防范措施**

一是强化作业前交底。工作负责人应结合站班会开展安全交底，明确梯子、管子等长物不得在运行站内直立搬运。二是加强临时进场人员管控。对于临时进场的作业人员，应经工作负责人同意并交底后进场。三是加强过程安全检查。施工单位安全管理人员、监理人员等应加强过程安全检查，发现长物直立搬运的应立即制止，并敦促工作负责人对相关人员进行批评教育。

**典型违章案例3：**

> **违章描述**

　　××110kV 变电站 110 间隔新增作业：在 110kVI母正下方施工，未设置安全提醒、未对立柱采取隔离措施。存在触电及误登带电设备风险。（一般违章）

> **违章图片**

图 55　110kVI母正下方施工未设置安全提醒、未对立柱采取隔离措施

> **违反条款**

　　《国家电网有限公司电力建设安全工作规程　第 1 部分：变电》12.3.3.5 在室外构架上作业时，应设专人监护，在作业人员上下的梯子上，应悬挂"从此上下！"的安全标志牌。在邻近可能误登的构架上应悬挂"禁止攀登，高压危险！"的安全标志牌。

> **防范措施**

　　施工作业前，作业负责人应按照施工方案和规程规范要求，组织设置好安全围栏和安全标志，监理人员应对隔离措施进行检查核实。施工过程中，施工单位安全管理人员和监理人员应加强安全巡视检查，发现未装设围栏、未设置安全标志的应及时督促整改。

### 典型违章案例4：

➢ **违章描述**

××220kV变电站2号主变扩建工程：安全措施执行不到位：1.带电设备区域未设置围栏进行隔离；2.工作票要求的江222甲刀闸机构箱未挂牌。（一般违章）

➢ **违章图片**

图56　带电设备区域未设置围栏进行隔离

图57　工作票要求的江222甲刀闸机构箱未挂牌

➢ **违反条款**

《国家电网公司电力安全工作规程（变电部分）》7.5 悬挂标示牌和装设遮栏（围栏）。

➢ **防范措施**

施工作业前，作业负责人应按照施工方案和规程规范要求，组织设置好安全围栏和安全标志，监理人员应对围栏等措施进行检查核实。施工过程中，施工单位安全管理人员和监理人员应加强安全巡视检查，发现未装设围栏、未设置安全标志的应及时督促整改。

 **典型违章案例5：**

> **违章描述**

××牵引站 220kV 外部供电线路工程组合电器安装、电缆敷设作业：220kVGIS 室施工区域与运行设备隔离围栏未有效封闭。（一般违章）

> **违章图片**

图 58　220kVGIS 室施工区域与运行设备隔离围栏未有效封闭

> **违反条款**

《国家电网公司电力安全工作规程（变电部分）》7.5 悬挂标示牌和装设遮栏（围栏）。

> **防范措施**

施工作业前，作业负责人应按照施工方案和规程规范要求，组织设置好安全围栏和安全标志，监理人员应对围栏等措施进行检查核实。施工过程中，施工单位安全管理人员和监理人员应加强安全巡视检查，发现未装设围栏、未设置安全标志的应及时督促整改。

典型违章案例6：

> **违章描述**

220kV××变电站扩建110kV间隔：围栏设置不满足与带电设备安全距离要求，上方带电部位超出围栏范围，存在触电风险。（一般违章）

> **违章图片**

图 59　围栏设置不满足与带电设备安全距离要求

> **违反条款**

《国家电网有限公司电力建设安全工作规程　第1部分：变电》6.1.6施工现场及周围的悬崖、陡坎、深坑、高压带电区等危险场所均应设可靠的防护设施及安全标志；坑、沟、孔洞等均应铺设符合安全要求的盖板或设可靠的围栏、挡板及安全标志。《典型违章库—基建变电》第53条。

> **防范措施**

施工作业前，作业负责人应按照施工方案和规程规范要求，组织设置好安全围栏和安全标志，监理人员应对围栏等措施进行检查核实。施工过程中，施工单位安全管理人员和监理人员应加强安全巡视检查，发现未装设围栏、未设置安全标志的应及时督促整改。

### 3.2.9　一次设备安装

 **典型违章案例1：**

➤ **违章描述**

××220kV 变电站 1 号主变及××线、××线间隔设备更换作业：人员上下梯子时，下方无人扶梯。存在人员跌落的风险。（一般违章）

➤ **违章图片**

图 60　人员上下梯子时下方无人扶梯

➤ **违反条款**

《国家电网有限公司电力安全工器具管理规定》附录五：梯子使用要求（3）有人员在梯子上工作时，梯子应有人扶持和监护。

➤ **防范措施**

一是做好作业组织工作。工作负责人应做好每日作业内容和作业人员安排，涉及人员在梯子上作业时，应安排人员进行扶梯。二是强化作业安全交底。施工单位应加强施工安全交底，形成"无人扶梯子不作业"的安全意识。三是加强过程安全检查。施工单位安全管理人员、监理人员应结合安全督查工作，对梯上作业进行检查，涉及无人扶梯的应要求立即整改到位。

 **典型违章案例2：**

➤ **违章描述**

220kV××变 1 号主变间隔扩建工程：$SF_6$ 气瓶未竖立存放，且未采取防

晒措施。（一般违章）

➢ **违章图片**

图 61　$SF_6$ 气瓶未竖立存放且未采取防晒措施

➢ **违反条款**

《国家电网有限公司电力建设安全工作规程　第 1 部分：变电》11.3.4 $SF_6$ 气瓶的搬运和保管，应符合下列要求：a）存放气瓶应竖立并有防倾倒措施，标志向外。b）$SF_6$ 气瓶应存放在防晒、防潮和通风良好的场所。

防范措施

一方面是做好气瓶进场安全管理。气瓶进场前，施工单位应就气瓶安全管理措施向生产厂商提出明确要求，气瓶进场后应竖立堆放在户内，必须堆放在户外的应采取防晒措施。另一方面是做好气瓶使用过程管理。气瓶使用时，应落实好气瓶防倾倒措施；气瓶使用后应集中堆放或及时回收处理。

 **典型违章案例3：**

➢ **违章描述**

××500kV 变电站 2 号、3 号主变套管安装施工作业：吊装主变套管未绑控制绳。（一般违章）

> ➤ **违章图片**

图 62　吊装主变套管未绑控制绳

> ➤ **违反条款**

《国家电网有限公司电力建设安全工作规程　第 1 部分：变电》12.4.1.3 吊装断路器、隔离开关、电流互感器、电压互感器等大型设备时，应在设备底部捆绑控制绳，防止设备摇摆。

> ➤ **防范措施**

施工作业前，工作负责人应结合站班会进行安全交底，详细介绍施工方案中涉及的安全措施，同时检查施工机具配备，检查涉及大型设备吊装作业的是否配备控制绳。施工作业过程中，施工单位安全管理人员、监理人员应加大安全巡视检查力度，发现大型设备吊装未配备控制绳的应及时制止并督促整改。

 **典型违章案例4：**

> ➤ **违章描述**

××500kV 变电站 2 号、3 号主变主变套管安装施工作业：作业区域深坑未设置围栏，井坑未设盖板及警示标志。（一般违章）

> ➤ **违章图片**

图 63　作业区域深坑未设置围栏，井坑未设盖板及警示标志

> **违反条款**

《国家电网有限公司电力建设安全工作规程 第 1 部分：变电》6.1.6 坑、沟、孔洞等均应铺设符合安全要求的盖板或设可靠的围栏、挡板及安全标志。

> **防范措施**

项目准备阶段，作业负责人应对作业现场进行勘察，作业现场涉及基坑的，应及时配备安全围栏和安全标志。施工作业前，作业负责人应按照施工方案和规程规范要求，组织设置好安全围栏和安全标志。施工过程中，施工单位安全管理人员和监理人员应加强安全巡视检查，发现问题及时督促闭环整改。

### 典型违章案例5：

> **违章描述**

××220kV 变电站主变增容扩建工程主变上台作业：门型构架避雷针组立后未及时安装临时接地。（一般违章）

> **违章图片**

图 64　门型构架避雷针组立后未及时安装临时接地

> **违反条款**

《国家电网有限公司电力建设安全工作规程 第 1 部分：变电》6.1.8 构架、避雷针、避雷线一经安装应接地。

> **防范措施**

作业负责人应合理安排构架安装等作业内容，及时配齐接地线等材料，构架安装后，应立即组织进行接地安装。施工管理人员、监理人员应加强过程巡视检查，发现构架未接地的应督促整改闭环。

 **典型违章案例6：**

➤ **违章描述**

110kV××变电站 1 号主变更换作业：油浸变压器滤油过程中三相绕组均未接地。（一般违章）。

➤ **违章图片**

图 65　油浸变压器滤油过程中三相绕组均未接地

➤ **违反条款**

《国家电网有限公司电力建设安全工作规程　第 1 部分：变电》11.2.6 油浸变压器、电抗器在放油及滤油过程中，外壳、铁芯、夹件及各侧绕组应可靠接地，储油罐和油处理设备本体以及油系统的金属管道应可靠接地，防止静电火花。

➤ **防范措施**

变压器滤油前，作业负责人应合理安排变压器附件安装等作业内容，及时配齐接地线等材料，组织进行接地安装；变压器滤油过程中，施工管理人员、监理人员应加强过程巡视检查，发现绕组未接地的应督促整改闭环。

 **典型违章案例7：**

➤ **违章描述**

××220kV 变电站电气安装工程敷设二次接线等作业：独立避雷针安装后未及时采取接地或临时接地措施。（一般违章）

➢ **违章图片**

图 66　独立避雷针安装后未及时采取接地或临时接地措施

➢ **违反条款**

《国家电网有限公司电力建设安全工作规程　第 1 部分：变电》6.1.8 构架、避雷针、避雷线一经安装应接地。

➢ **防范措施**

作业负责人应合理安排独立避雷针安装等作业内容，及时配齐接地线等材料，独立避雷针安装后，应立即组织进行接地安装。施工管理人员、监理人员应加强过程巡视检查，发现独立避雷针未接地的应督促整改闭环。

**典型违章案例8：**

> **违章描述**

220kV××变 110kV 户外开关场 1122 刀闸吊装作业：吊装使用的吊装带破损。（一般违章）

> **违章图片**

图 67　吊装使用的吊装带破损

> **违反条款**

《国家电网公司电力安全工作规程（变电部分）》17.3.4.4 发现外部护套破损显露出内芯时，应立即停止使用。

> **防范措施**

设备吊装前，工作负责人应组织对起重机、钢丝绳、吊装带等机具进行检查，发现设备设施损坏、破损，应及时更换；吊装作业过程中，施工安全管理人员、监理人员应加强安全巡视检查，发现设备设施损坏的，应先停止吊装作业，并及时更换相关设备设施。

 **典型违章案例9：**

> **违章描述**

××牵引站 220kV 外部供电线路工程组合电器安装、电缆敷设作业：起吊

作业区域未设置封闭围栏，地面配合人员在吊装作业范围穿行。吊车吊 GIS 附件等设备时未使用缆风绳。（一般违章）

➢ **违章图片**

图 68　起吊作业区域未设置封闭围栏，吊装作业未使用缆风绳

➢ **违反条款**

《国家电网有限公司电力建设安全工作规程　第 1 部分：变电》7.1.2 地面施工人员不得在坠落半径内停留或穿行。12.4.1.3 吊装断路器、隔离开关、电流互感器、电压互感器等大型设备时，应在设备底部捆绑控制绳，防止设备摇摆。

➢ **防范措施**

设备吊装前，工作负责人结合站班会对作业人员进行安全交底，明确吊装作业期间，作业人员不得穿行，并按施工方案要求设置安全围栏；吊装作业过程中，施工安全管理人员、监理人员应加强安全巡视检查，发现问题及时整改闭环。

 **典型违章案例10：**

➢ **违章描述**

××220kV 变电站 220kV 国钛纳米间隔扩建工程吊装作业：互感器吊装时采用瓷质部件作为吊点。（一般违章）

➢ **违章图片**

图 69 互感器吊装时采用瓷质部件作为吊点

➢ **违反条款**

《国家电网有限公司电力建设安全工作规程 第 1 部分：变电》7.3.16 含瓷件的组合设备不得单独采用瓷质部件作为吊点，产品特别许可的小型瓷质组件除外。

➢ **防范措施**

设备吊装前，工作负责人结合站班会对作业人员进行安全交底，重点对吊装方案进行交底学习，明确吊装方法；吊装作业过程中，施工安全管理人员、监理人员应加强安全巡视检查，发现问题及时整改闭环。

 **典型违章案例11：**

➢ **违章描述**

××500kV 变电站扩建工程作业：500kV 构架组立完成后，未及时采取接地或临时接地措施。（一般违章）

➢ **违章图片**

图 70 构架组立完成后，未及时采取接地或临时接地措施

> ➤ **违反条款**

《国家电网有限公司电力建设安全工作规程 第 1 部分：变电》6.1.8 构架、避雷针、避雷线一经安装应接地。

> ➤ **防范措施**

作业负责人应合理安排构架安装等作业内容，及时配齐接地线等材料，构架安装后，应立即组织进行接地安装。施工管理人员、监理人员应加强过程巡视检查，发现构架未接地的应督促整改闭环。

### 3.2.10　盘、柜安装

 **典型违章案例：**

> ➤ **违章描述**

××110kV 变电站 1 号主变间隔改造工程施工作业：拆开的二次线头未进行绝缘包封。（一般违章）

> ➤ **违章图片**

图 71　拆开的二次线头未进行绝缘包封

> ➤ **违反条款**

《国家电网有限公司电力建设安全工作规程 第 1 部分：变电》11.14.4.4

运行屏上拆接线时应在端子排外侧进行，拆开的线应包好，并注意防止误碰其他运行回路。

> **防范措施**

施工作业前，作业负责人应对作业人员进行交底，明确"拆开的二次线头应进行绝缘包封"；作业过程中，施工安全管理人员、监理人员应对二次接线作业进行检查，发现二次线头未包封的，应及时督促整改闭环。

### 3.2.11 电缆安装

 **典型违章案例1：**

> **违章描述**

××220kV 变电站 110kV 间隔改造工程作业：电缆沟盖板开启后未设置临时围栏及盖板。（一般违章）

> **违章图片**

图 72 电缆沟盖板开启后未设置临时围栏及盖板

> **违反条款**

《国家电网公司电力安全工作规程（变电部分）》15.2.1.10 开启电缆井井盖、电缆沟盖板及电缆隧道人孔盖时应使用专用工具，同时注意所立位置，以免滑脱后伤人。开启后应设置标准路栏围起，并有人看守。作业人员撤离电缆井或隧道后，应立即将井盖盖好。

> ➤ **防范措施**

施工作业前，作业负责人应根据当日作业情况和方案要求，配备安全围栏及警示标识；作业过程中，施工安全管理人员、监理人员应组织对电缆沟围挡情况进行检查，发现问题及时整改闭环。

## 典型违章案例2：

> ➤ **违章描述**

××330kV 变电站 2 号主变扩建工程电缆敷设作业：电缆敷设未按照作业票要求使用放线架。存在电缆盘滚动伤人的风险。（一般违章）

> ➤ **违章图片**

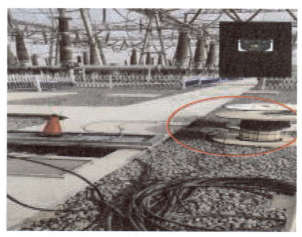

图 73　电缆敷设未按照作业票要求使用放线架

> ➤ **违反条款**

《国家电网有限公司电力建设安全工作规程　第 1 部分：变电》5.3.3.5.b)工作负责人（监护人）4）组织执行施工作业票所列由其负责的安全措施。

> ➤ **防范措施**

一是加强事前策划。施工单位应针对施工现场制定安全文明施工措施，针对现场的坑、洞，配备盖板或围栏等安全设施。二是加强过程管控。工作负责人应结合每日工作任务可靠设置安全设施并悬挂安全标志。三是加强检查监督。施工单位安全管理人员、监理人员应加强巡视检查，发现问题及时督促整改闭环。

 **典型违章案例3：**

> **违章描述**

××220kV 变电站电气安装工程敷设二次接线等作业：已完工的电缆沟道未设置符合安全要求的盖板或设可靠的围栏、挡板及安全标志。（一般违章）

> **违章图片**

图74 电缆沟道未设置符合安全要求的盖板或设可靠的围栏、挡板及安全标志

> **违反条款**

《国家电网有限公司电力建设安全工作规程 第 1 部分：变电》6.1.6 坑、沟、孔洞等均应铺设符合安全要求的盖板或设可靠的围栏、挡板及安全标志。

> **防范措施**

一方面是加强事前策划。施工单位应针对施工现场制定安全文明施工措施，针对现场的坑、洞，配备盖板或围栏等安全设施。另一方面是加强过程管控。工作负责人应结合每日工作任务可靠设置安全设施并悬挂安全标志，施工单位安全管理人员、监理人员应加强巡视检查，发现问题及时督促整改闭环。

### 3.2.12  电气试验、调试

**典型违章案例1：**

> **违章描述**

110kV××变电站1号主变高压侧套管更换及试验作业：高压试验现场未设置试验围栏。（一般违章）

> **违章图片**

图 75  高压试验现场未设置试验围栏

> **违反条款**

《国家电网公司电力安全工作规程（变电部分）》14.1.5 试验现场应装设遮栏或围栏，遮栏或围栏与试验设备高压部分应有足够的安全距离，向外悬挂"止步，高压危险！"的标示牌，并派人看守。

> **防范措施**

施工作业前，作业负责人应按照施工方案和规程规范要求，组织设置好安全围栏和安全标志。施工过程中，施工单位安全管理人员和监理人员应加强安全巡视检查，发现未装设围栏的应及时督促整改。

**典型违章案例2：**

➢ **违章描述**

××220kV 变电站重建工程 110kV 设备耐压试验作业：高压试验装置的电源开关未使用明显断开的双极刀闸。（一般违章）

➢ **违章图片**

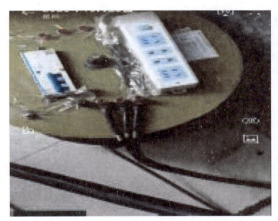

图 76　高压试验装置的电源开关未使用明显断开的双极刀闸

➢ **违反条款**

《国家电网公司电力安全工作规程（变电部分）》14.1.4 试验装置的电源开关，应使用明显断开的双极刀闸。为了防止误合刀闸，可在刀刃上加绝缘罩。

➢ **防范措施**

施工作业前，作业负责人应按照当日作业情况和施工方案要求，为高压试验装置的电源开关配备明显断开点的双极刀闸；作业过程中，施工安全管理人员、监理人员应加强巡视检查，发现问题及时督促整改闭环。

 **典型违章案例3：**

➢ **违章描述**

110kV××变改造工程 1 号主变增容作业：高压试验时试验区域围栏未封闭。（一般违章）

➤ **违章图片**

图 77　高压试验时试验区域围栏未封闭

➤ **违反条款**

《国家电网公司电力安全工作规程（变电部分）》14.1.5 试验现场应装设遮栏或围栏，遮栏或围栏与试验设备高压部分应有足够的安全距离，向外悬挂"止步，高压危险！"的标示牌，并派人看守。

➤ **防范措施**

施工作业前，作业负责人应按照施工方案和规程规范要求，组织设置好安全围栏和安全标志。施工过程中，施工单位安全管理人员和监理人员应加强安全巡视检查，发现未装设围栏的应及时督促整改。

## 第三节　输电线路专业典型违章

### 3.3.1　作业组织和作业计划

 **典型违章案例1：**

➤ **违章描述**

现场 7 时 45 分已开展地面工作，工作负责人 8 时 50 分才到达作业现场，存在作业现场无人监护风险。（I类严重违章）

➢ **违章图片**

图 1　作业现场无人监护

➢ **违反条款**

《典型违章库－基建线路部分》第 2 条：工作负责人（作业负责人、专责监护人）不在现场，或劳务分包人员担任工作负责人（作业负责人）。

➢ **防范措施**

一是加强工作负责人等现场关键人员安全教育。结合站班会开展"震撼式"安全教育，加强宣贯"十不干"内容。二是加强过程安全检查，施工单位安全管理人员、现场监理人员要加强旁站和安全巡视，发现工作负责人不在岗现象后要第一时间停止施工，并按工程要求兑现惩处措施。

**典型违章案例2：**

> **违章描述**

××500kV源霸一线改造工程：现场使用一张工作票分散多点作业，未在工作票中明确专责监护人、监护地点及具体工作。存在现场监护不到位风险。（一般违章）

> **违章图片**

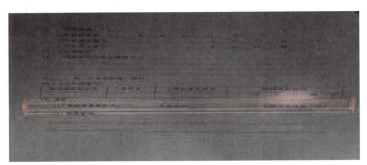

图2  未在工作票中明确专责监护人、监护地点及具体工作

> **违反条款**

《国家电网有限公司电力建设安全工作规程 第2部分：线路》5.3.5b）应根据现场安全条件、施工范围和作业需要，增设专责监护人，并明确其监护内容。

> **防范措施**

一是加强工作负责人、安全监护人等现场关键人员配备，确保专责监护人按照施工作业面配备齐全。二是工作负责人、安全监护人等现场关键人员要切实在岗履责，做好现场安全管控。

### 3.3.2  作业票（工作票）、勘察记录

 **典型违章案例1：**

> **违章描述**

××500kV输变电工程流动式起重机立塔作业：勘查记录中未明确临近道路与杆塔的直线距离。存在勘查风险因素不清晰风险。（一般违章）

> **违章图片**

图 3 勘查记录中未明确临近道路与杆塔的直线距离

> **违反条款**

《典型违章库－基建线路部分》第 71 条：现场勘察记录内容记录填写不全，未将影响施工的风险因素全部填写在勘察记录中。

《国家电网有限公司电力建设安全工作规程 第 2 部分：线路》5.3.2.4 现场勘察应察看施工作业现场周边有无影响作业的建构筑物、地下管线、邻近设备、交叉跨越及地形、地质、气象等作业现场条件以及其他影响作业的风险因素，并提出安全措施和注意事项。

> **防范措施**

一是作业前切实开展现场勘察。重点查看现场施工（检修）作业需要停电的范围、保留的带电部位和作业现场的条件、环境及其他危险点等，并将影响施工的风险因素全部填写在勘察记录中。二是关注环境因素的变化。复勘中施工作业前对存在的风险进行再次评估、判别，依据风险控制关键因素变化情况来完善、补充风险控制措施。

### 典型违章案例2：

➤ **违章描述**

220kV××40 号至 44 号区段改造工程拆除旧塔、G1-G4 号组塔、张力放线作业：现场勘察记录（初勘）危险点分析未体现拆塔过程中倒塔伤人、砸向邻近线路的危险点。存在勘察不到位风险。（一般违章）

➤ **违章图片**

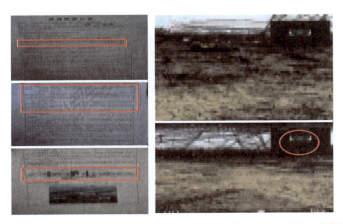

图 4　现场勘察记录（初勘）未体现拆塔过程中倒塔伤人、砸向邻近线路的危险点

➤ **违反条款**

《典型违章库－基建线路部分》第 71 条：现场勘察记录内容记录填写不全，未将影响施工的风险因素全部填写在勘察记录中。

《国家电网公司电力安全工作规程（线路部分）》5.2.2 现场勘察应查看现场施工（检修）作业需要停电的范围、保留的带电部位和作业现场的条件、环境及其他危险点等。

➤ **防范措施**

一是作业前切实开展现场勘察。重点查看现场施工（检修）作业需要停电的范围、保留的带电部位和作业现场的条件、环境及其他危险点等，并将影响施工的风险因素全部填写在勘察记录中。二是关注环境因素的变化。复勘中施工作业前对存在的风险进行再次评估、判别，依据风险控制关键因素变化情况来完善、补充风险控制措施。

 **典型违章案例3：**

> ➤ **违章描述**

××工程 220kV 船涓线路跨高速公路改造工程，现场需要拆除的水泥杆距离新组立的 18 号杆塔的 A、D 腿基础约 2m，且水泥杆的拉线位于 18 号杆塔组立的施工区域内。但现场勘察记录内容填写不全，未见影响组塔施工以及拆除水泥杆的相关风险、安全措施等内容，风险辨识不到位。（一般违章）

> ➤ **违章图片**

图 5　现场勘察记录内容填写不全

> ➤ **违反条款**

《典型违章库－基建线路部分》第 71 条：现场勘察记录内容记录填写不全，未将影响施工的风险因素全部填写在勘察记录中。

《国家电网公司电力安全工作规程（线路部分）》5.2.2 现场勘察应查看现场施工（检修）作业需要停电的范围、保留的带电部位和作业现场的条件、环境及其他危险点等。

> **防范措施**

一是作业前切实开展现场勘察。重点查看现场施工（检修）作业需要停电的范围、保留的带电部位和作业现场的条件、环境及其他危险点等，并将影响施工的风险因素全部填写在勘察记录中。二是关注环境因素的变化。复勘中施工作业前对存在的风险进行再次评估、判别，依据风险控制关键因素变化情况来完善、补充风险控制措施。

 **典型违章案例4：**

> **违章描述**

××500kV 输变电工程（包 1）普洪二线光缆改造 41 号-42 号带电跨越 110kV 拉城线作业：现场勘察记录（复测）风险点分析中缺少因交叉跨越带电线路产生的触电风险，存在风险控制措施制定、落实不到位风险。（一般违章）

> **违章图片**

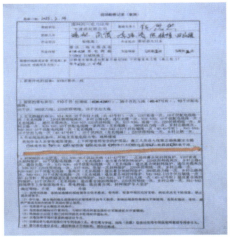

图 6　现场勘察记录（复测）风险点分析中缺少因交叉跨越带电线路产生的触电风险

> **违反条款**

《国家电网有限工程电力建设安全工作规程　第 2 部分：线路》5.3.2.4b）现场勘察应察看施工作业现场周边有无影响作业的建构筑物、地下管线、邻近设备、交叉跨越及地形、地质、气象等作业现场条件以及其他影响作业的风险因素，并提出安全措施和注意事项。

> **防范措施**

一是作业前切实开展现场勘察。重点查看现场施工（检修）作业需要停电的范围、保留的带电部位和作业现场的条件、环境及其他危险点等，并将影响施工的风险因素全部填写在勘察记录中。二是关注环境因素的变化。复勘中施工作业前对存在的风险进行再次评估、判别，依据风险控制关键因素变化情况来完善、补充风险控制措施。

 **典型违章案例5：**

> **违章描述**

××工程勘察记录未明确与带电线路的安全距离、未指定专责安全监护人。（一般违章）

> **违章图片**

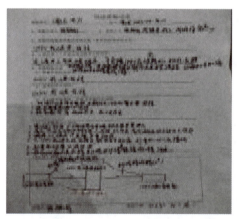

图 7　勘察记录未明确与带电线路的安全距离、未指定专责安全监护人

> **违反条款**

《国家电网有限工程电力建设安全工作规程　第 2 部分：线路》5.3.2.4b）现场勘察应察看施工作业现场周边有无影响作业的建构筑物、地下管线、邻近设备、交叉跨越及地形、地质、气象等作业现场条件以及其他影响作业的风险因素，并提出安全措施和注意事项。

> **防范措施**

一是作业前切实开展现场勘察。重点查看现场施工（检修）作业需要停电的范围、保留的带电部位和作业现场的条件、环境及其他危险点等，并将影响施工的风险因素全部填写在勘察记录中。二是关注环境因素的变化。复勘中施工作业前对存在的风险进行再次评估、判别，依据风险控制关键因素变化情况来完善、补充风险控制措施。

## 典型违章案例6：

> **违章描述**

××工程 A35-A36 号塔跨越 110kV××线作业现场，依据施工方案 110kV ××线退出重合闸方式为昼退夜送，填用的电力线路第二种工作票未记录每日许可时间；电力线路第二种工作票工作班成员栏人数为 16 人，实际工作班成员为 15 人。（一般违章）

> **违章图片**

图 8　工作票未记录每日许可时间，人数与实际不符

> **违反条款**

《国家电网有限工程电力建设安全工作规程　第 2 部分：线路》第 13.2.2 条：跨越不停电电力线路，在架线施工前，施工单位应向运维单位书面申请该带电线路"退出重合闸"，许可后方可进行不停电跨越施工。

> **防范措施**

一是作业前切实开展现场勘察。重点查看现场施工（检修）作业需要停电的范围、保留的带电部位和作业现场的条件、环境及其他危险点等，并将影响施工的风险因素全部填写在勘察记录中。二是加强工作票填报规范性的审查。重点审查现场应执行的安全措施是否全部填入票中，接地线挂拆时间是否填写准确等。

 **典型违章案例7：**

> **违章描述**

××工程 T88-T111 架线段带电钻越多处高压线路，T88-T89 号塔钻越 ±660kV××线，T89-T91 号塔与邻近的±800kV××线并行，在现场勘察记录中缺少感应电伤人风险及相关安全措施。（一般违章）

> **违章图片**

图 9　勘察记录中缺少感应电伤人风险及相关安全措施

> **违反条款**

《典型违章库－基建线路部分》第 71 条：现场勘察记录内容记录填写不全，未将影响施工的风险因素全部填写在勘察记录中。

191

《国家电网有限工程电力建设安全工作规程 第 2 部分：线路》5.3.2.4b）现场勘察应察看施工作业现场周边有无影响作业的建构筑物、地下管线、邻近设备、交叉跨越及地形、地质、气象等作业现场条件以及其他影响作业的风险因素，并提出安全措施和注意事项。

> **防范措施**

一是作业前切实开展现场勘察。重点查看现场施工（检修）作业需要停电的范围、保留的带电部位和作业现场的条件、环境及其他危险点等，并将影响施工的风险因素全部填写在勘察记录中。二是关注环境因素的变化。复勘中施工作业前对存在的风险进行再次评估、判别，依据风险控制关键因素变化情况来完善、补充风险控制措施。

### 典型违章案例8：

> **违章描述**

××工程架线施工勘察记录中未体现 A4-A5 跨越 10kV××线（现场 10kV ××线已采取停电措施）和牵引场临近 0.4kV 线路等相关内容。（一般违章）

> **违章图片**

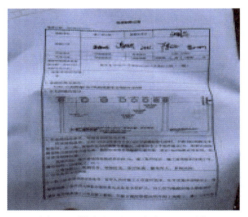

图 10　勘察记录风险点记录不全

> **违反条款**

《典型违章库－基建线路部分》第 71 条：现场勘察记录内容记录填写不全，

未将影响施工的风险因素全部填写在勘察记录中。

《国家电网有限工程电力建设安全工作规程 第2部分：线路》5.3.2.4b）现场勘察应察看施工作业现场周边有无影响作业的建构筑物、地下管线、邻近设备、交叉跨越及地形、地质、气象等作业现场条件以及其他影响作业的风险因素，并提出安全措施和注意事项。

> **防范措施**

一是作业前切实开展现场勘察。重点查看现场施工（检修）作业需要停电的范围、保留的带电部位和作业现场的条件、环境及其他危险点等，并将影响施工的风险因素全部填写在勘察记录中。二是关注环境因素的变化。复勘中施工作业前对存在的风险进行再次评估、判别，依据风险控制关键因素变化情况来完善、补充风险控制措施。

 **典型违章案例9：**

> **违章描述**

××工程18号、19号铁塔组立施工现场，涉及拆除原18号、19号水泥杆及提升原导地线等作业，且原杆塔拉线位于本次铁塔组立的施工区域内。但现场勘察记录及方案中未见拆除原18号、19号杆以及导地线提升等相关风险辨识、安全措施等内容。（一般违章）

> **违章图片**

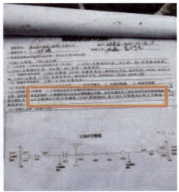

图11 勘察记录风险点记录不全

> **违反条款**

《典型违章库－基建线路部分》第 71 条：现场勘察记录内容记录填写不全，未将影响施工的风险因素全部填写在勘察记录中。

《国家电网有限工程电力建设安全工作规程　第 2 部分：线路》5.3.2.4b）现场勘察应察看施工作业现场周边有无影响作业的建构筑物、地下管线、邻近设备、交叉跨越及地形、地质、气象等作业现场条件以及其他影响作业的风险因素，并提出安全措施和注意事项。

> **防范措施**

一是作业前切实开展现场勘察。重点查看现场施工（检修）作业需要停电的范围、保留的带电部位和作业现场的条件、环境及其他危险点等，并将影响施工的风险因素全部填写在勘察记录中。二是关注环境因素的变化。复勘中施工作业前对存在的风险进行再次评估、判别，依据风险控制关键因素变化情况来完善、补充风险控制措施。

 **典型违章案例10：**

> **违章描述**

××变电站 110kV 架空工程：复勘中 110kV××线路与带电 110kV××线路同杆架设，错误写成 110kV××线路与 110kV××线路同杆架设（初勘与工作票中无误）。存在误登带电杆塔的风险。（一般违章）

> **违章图片**

图 12　勘察记录与实际情况不一致

> **违反条款**

《典型违章库－基建线路部分》第 71 条：现场勘察记录内容记录填写不全，未将影响施工的风险因素全部填写在勘察记录中。

《国家电网公司电力安全工作规程（线路部分）》5.2.2 现场勘查应查看现场施工（检修）作业需要停电的范围、保留的带电部位和作业现场的条件、环境及其他危险点等。

> **防范措施**

一是作业前切实开展现场勘察。重点查看现场施工（检修）作业需要停电的范围、保留的带电部位和作业现场的条件、环境及其他危险点等，并将影响施工的风险因素全部填写在勘察记录中。二是关注环境因素的变化。复勘中施工作业前对存在的风险进行再次评估、判别，依据风险控制关键因素变化情况来完善、补充风险控制措施。

 **典型违章案例11：**

> **违章描述**

××牵引站 220kV 外部工程 B8-B9 跨越架搭设作业：复勘记录"应采取安全措施"栏中无风险是否变化的结论。存在风险勘察不准确风险。（一般违章）

> **违章图片**

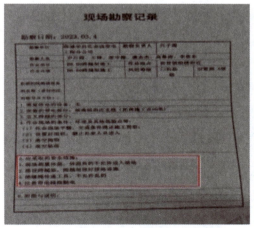

图 13  复勘记录"应采取安全措施"栏中无风险是否变化的结论

> **违反条款**

《国家电网有限公司输变电工程建设施工安全风险管理规程》附录 B 现场勘察记录表 B.1 现场勘察记录注 3：当本表用于复测时，"应采取的安全措施"栏中必须有结论，确定风险是否升级（不变或降级）。

> **防范措施**

一是作业前切实开展现场勘察。重点查看现场施工（检修）作业需要停电的范围、保留的带电部位和作业现场的条件、环境及其他危险点等，并将影响施工的风险因素全部填写在勘察记录中。二是关注环境因素的变化。复勘中施工作业前对存在的风险进行再次评估、判别，依据风险控制关键因素变化情况来完善、补充风险控制措施，并得出结论，确定风险是否升级（不变或降级）。

## 典型违章案例12：

> **违章描述**

××改建工程电力杆线迁移工程、××110kV 及以上电力线路迁改工程作业：3 号铁塔组立施工现场小号侧山坡坡度较陡，存在滑落伤人风险。提供的勘察单和工作票中，均未体现防滑落安全防护措施，存在风险点辨识不到位、安全措施不全面的风险。（一般违章）

> **违章图片**

图 14　勘察单和工作票风险点辨识不到位

> **违反条款**

《国家电网有限公司电力建设安全工作规程　第 2 部分：线路》5.3.3.5 相

关人员责任 b）工作负责人（监护人）：检查施工作业票所列安全措施是否正确完备，是否符合现场实际条件，必要时予以补充完善。

《国家电网有限公司作业安全风险管控工作规定》第二十条现场勘察应包括：工作地点需停电的范围，保留的带电部位，作业现场的条件、环境及其他危险点、需要采取的安全措施，附图及说明等内容。

➤ **防范措施**

一是作业前切实开展现场勘察。重点查看现场施工（检修）作业需要停电的范围、保留的带电部位和作业现场的条件、环境及其他危险点等，并将影响施工的风险因素全部填写在勘察记录中。二是关注环境因素的变化。复勘中施工作业前对存在的风险进行再次评估、判别，依据风险控制关键因素变化情况来完善、补充风险控制措施，并得出结论，确定风险是否升级（不变或降级）。三是加强工作票填报规范性的审查。重点审查现场应执行的安全措施是否全部填入票中，接地线挂拆时间是否填写准确等。

 **典型违章案例13：**

➤ **违章描述**

××改建工程电力杆线迁移工程、××110kV 及以上电力线路迁改工程作业：工作票 5.2 中接地线装设拆除栏，应填写具体的装拆时间，不应直接打√，存在工作票执行不规范风险。（一般违章）

➤ **违章图片**

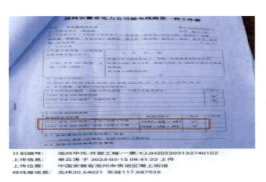

图 15　工作票执行填写不规范

➤ **违反条款**

《国家电网公司电力安全工作规程（线路部分）》5.3.8.4 一条线路分区段工作，若填用一张工作票，经工作票签发人同意，在线路检修状态下，由工作班自行装设的接地线等安全措施可分段执行。工作票中应填写清楚使用的接地线编号、装拆时间、位置等随工作区段转移情况。

➤ **防范措施**

一是作业前切实开展现场勘察。重点查看现场施工（检修）作业需要停电的范围、保留的带电部位和作业现场的条件、环境及其他危险点等，并将影响施工的风险因素全部填写在勘察记录中。二是加强工作票填报规范性的审查。重点审查现场应执行的安全措施是否全部填入票中，接地线挂拆时间是否填写准确等。

### 3.3.3 施工方案、施工三措

**典型违章案例1：**

➤ **违章描述**

基础施工方案的编审批日期早于初勘日期。存在风险防控措施编制不到位风险。（一般违章）

➤ **违章图片**

图 16　方案的编审批日期早于初勘日期

> **违反条款**

《国家电网有限工程作业安全风险管控工作规定》第二十五条：作业风险评估定级完成后，作业单位应根据现场勘察结果和风险评估定级的内容制定管控措施，编制审批"两票""三措一案"。

> **防范措施**

一是作业前切实开展现场勘察。重点查看现场施工（检修）作业需要停电的范围、保留的带电部位和作业现场的条件、环境及其他危险点等，并将影响施工的风险因素全部填写在勘察记录中。二是作业单位应根据现场勘察结果等内容制定管控措施，编制审批"三措一案"（施工方案）。

 **典型违章案例2：**

> **违章描述**

施工三措一案关于跨越高速采取的跨越方式不满足边线外延2m要求。（一般违章）

> **违章图片**

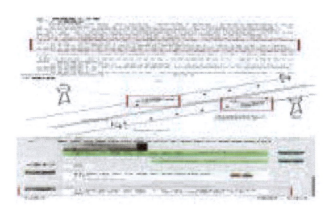

图17　施工三措一案关于跨越高速采取的跨越方式不满足边线外延2m要求

> **违反条款**

《国家电网有限工程电力建设安全工作规程　第2部分：线路》12.1.1.6跨越架宽度应考虑施工期间牵引绳或导地线风偏后超出新建线路两边线各2.0m。

> **防范措施**

一是做好施工方案的编制与审核。方案编制要有针对性，现场作业严格按照施工方案执行。二是作业过程中做好与方案一致性的检查。如发现作业未按方案实施，应立即停止作业，并采取纠正措施。

### 🎬 典型违章案例3：

> **违章描述**

35kV××线改造作业：所使用的《导地线架设专项施工方案》，编制人是工作负责人。（一般违章）

> **违章图片**

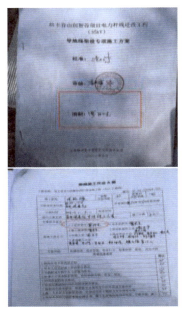

图18 《导地线架设专项施工方案》编制人错误

> **违反条款**

《输变电工程项目部标准化管理规程 第3部分：施工项目部》8.1施工技术管理c）编制一般施工方案或专项施工方案。一般施工方案由项目部技术员编制，施工项目部安全、质量管理人员审核，项目总工批准，报监理项目部审批。专项施工方案由项目总工组织编制，施工单位安全、质量、技术等职能部门审核，施工单位技术负责人批准，报监理项目部审批。对深基坑、高大模板及脚手架、大型起重机械安拆及作业、重要的拆除爆破等超过一定规模的危险性较大的分部分项工程的专项施工方案（含安全技术措施），施工单位还应按国家有关规定组织专家进行论证。

> **防范措施**

加强施工方案的审查。施工方案严格履行编审批手续，禁止未经审批的施工方案用于指导作业。

 **典型违章案例4：**

> **违章描述**

"三措一案"（专项）施工方案审批意见未填写。存在安全管控措施不到位风险。（一般违章）

> **违章图片**

图 19　施工方案审批意见未填写

> **违反条款**

《国家电网有限工程作业安全风险管控工作规定》第二十五条作业风险评估定级完成后，作业单位应根据现场勘察结果和风险评估定级的内容制定管控措施，编制审批"两票""三措一案"。

> **防范措施**

加强施工方案的审查。施工方案严格履行编审批手续，禁止未经审批的施工方案用于指导作业。

### 典型违章案例5：

> **违章描述**

铁塔组立施工方案交底记录单未见 86 号铁塔组立现场作业负责人张××签字。（一般违章）

> **违章图片**

图 20　施工方案未全员交底

> **违反条款**

《输变电工程项目部标准化管理规程　第 3 部分：施工项目部》8.1 施工技术管理：h）执行三级交底制度。安全技术交底必须有交底记录，交底人和被交底人履行全员签字手续。

《典型违章库－基建线路部分》第 73 条：方案交底时间在方案编制时间前，方案未经监理项目部审查。施工方法、机械（机具）、环境等条件发生变化后，未对施工方案进行修订或补充，并进行审批。施工方案未见交底记录，交底人和被交底人全员签字不全；参建各方人员以专家身份参加工程专项施工方案的专家论证；专项施工方案未由项目总工编制。

> **防范措施**

切实对施工人员做好施工方案的交底工作。确保施工人员对施工流程、风险点、风险预控措施等掌握清楚。

 **典型违章案例6：**

> **违章描述**

××工程基础开挖及支模，施工方案中缺少支模作业脚手架搭设内容及要求。（一般违章）

> **违章图片**

图21　施工方案中缺少支模作业脚手架搭设内容及要求

> **违反条款**

《国家电网有限公司电力建设安全工作规程　第2部分：线路》5.1分部分项工程开始作业条件5.1.5施工方案（含安全技术措施）编制完成并交底。

《典型违章库－基建线路部分》第73条：方案交底时间在方案编制时间前，方案未经监理项目部审查。施工方法、机械（机具）、环境等条件发生变化后，未对施工方案进行修订或补充，并进行审批。施工方案未见交底记录，交底人和被交底人全员签字不全；参建各方人员以专家身份参加工程专项施工方案的专家论证；专项施工方案未由项目总工编制。

> **防范措施**

一是做好施工方案的编制与审核。方案编制要有针对性，现场作业严格按照施工方案执行。二是作业过程中做好与方案一致性的检查。如发现作业未按方案实施，应立即停止作业，并采取纠正措施。

### 典型违章案例7:

> **违章描述**

××工程起重机组塔时塔材吊点方式与方案（片吊吊点）不一致，起吊塔片未使用控制绳。（一般违章）

> **违章图片**

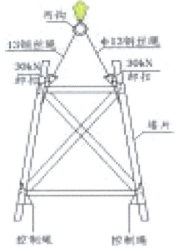

图 22　起吊塔片未使用控制绳

> **违反条款**

《输变电工程项目部标准化管理规程 第 3 部分：施工项目部》8.1 施工技术管理：e）施工方案（措施）执行过程中，如施工方法、机械（机具）、环境等条件发生变化，应对施工方案（措施）进行修订或补充，按规定进行审批。

《国家电网有限公司电力建设安全工作规程 第 2 部分：线路》第 8.1.1.3 条：对易晃动的重物应拴好控制绳。

> **防范措施**

一是做好施工方案的编制与审核。方案编制要有针对性，现场作业严格按照施工方案执行。二是作业过程中做好与方案一致性的检查。如发现作业未按方案实施，应立即停止作业，并采取纠正措施。

### 3.3.4 安全工器具、施工机具

 **典型违章案例1：**

> **违章描述**

现场作业人员使用的攀登自锁器检验合格标识脱落。存在使用不合格安全工器具的风险。（一般违章）

> **违章图片**

图 23 攀登自锁器检验合格标识脱落

> **违反条款**

《典型违章库－基建线路部分》第 89 条：现场施工机械、施工工器具未经检验合格进行作业。（一般违章）

➤ **防范措施**

一是加强施工工器具配备，施工单位应为现场配备数量足够且合格的施工工器具，并就施工工器具使用开展交底培训，确保作业人员掌握正确使用方法。二是加强工器具进场前安全检查及过程安全检查，施工单位安全管理人员、现场监理人员要加强工器具检查验收，发现不合格工器具要第一时间清除出场，并重新配备合格工器具。

## 🎬 典型违章案例2：

➤ **违章描述**

××工程未将张力机锚固所用手扳葫芦的扳手绑扎在起重链条上。存在链条葫芦失稳的风险。（一般违章）

➤ **违章图片**

图24　手扳葫芦的扳手未绑扎在起重链条上

> **违反条款**

《典型违章库－基建线路部分》第 98 条：链条葫芦和手扳葫芦带负荷停留较长时间或过夜时，未将手拉链条或扳手绑扎在起重链条上。

《国家电网有限公司电力建设安全工作规程  第 2 部分：线路》第 8.3.7.7 条：带负荷停留较长时间或过夜时，应将手拉链条或扳手绑扎在起重链条上，并采取保险措施。

> **防范措施**

一是加强施工工器具配备，施工单位应为现场配备数量足够且合格的施工工器具，并就施工工器具使用开展交底培训，确保作业人员掌握正确使用方法。二是加强工器具进场前安全检查及过程安全检查，施工单位安全管理人员、现场监理人员要加强工器具检查验收，发现不合格工器具要第一时间清除出场，并重新配备合格工器具。

 **典型违章案例3：**

> **违章描述**

66kV××线铁塔组立、导线及光缆架设、拆旧作业：吊装使用的钢丝绳套插接长度不足 300mm（测量实际长度为 260mm）。存在钢丝绳散股风险。（一般违章）

> **违章图片**

图 25  吊装使用的钢丝绳套插接长度不足 300mm

> ➤ 违反条款

《典型违章库－基建线路部分》第 93 条：一般钢丝绳插接的环绳或绳套，其插接长度小于钢丝绳直径的 15 倍或小于 300mm。

《国家电网有限公司电力建设安全工作规程　第 2 部分：线路》8.3.2.6 插接的环绳或绳套，其插接长度应不小于钢丝绳直径的 15 倍，且不得小于 300mm。

> ➤ 防范措施

一是加强施工工器具配备，施工单位应为现场配备数量足够且合格的施工工器具，并就施工工器具使用开展交底培训，确保作业人员掌握正确使用方法。二是加强工器具进场前安全检查及过程安全检查，施工单位安全管理人员、现场监理人员要加强工器具检查验收，发现不合格工器具要第一时间清除出场，并重新配备合格工器具。

## 典型违章案例4：

> ➤ 违章描述

35kV××线 16 号—18 号杆塔组立、附件安装作业：作业场使用的传递绳存在断股、散股现象。存在高空坠物伤人风险。（一般违章）

> ➤ 违章图片

图 26　使用的传递绳存在断股、散股现象

> ➤ 违反条款

《典型违章库－基建线路部分》第 94 条：施工现场使用中的合成纤维吊装

带、棕绳、化纤绳的表面质量有缺陷；未按出厂数据使用，出厂合格证上的数据缺失。

《国家电网公司电力安全工作规程（线路部分）》14.2.12.1 有霉烂、腐蚀、损伤者不准用于起重作业，纤维绳出现松股、散股、严重磨损、断股者禁止使用。

> **防范措施**

一是加强施工工器具配备，施工单位应为现场配备数量足够且合格的施工工器具，并就施工工器具使用开展交底培训，确保作业人员掌握正确使用方法。二是加强工器具进场前安全检查及过程安全检查，施工单位安全管理人员、现场监理人员要加强工器具检查验收，发现不合格工器具要第一时间清除出场，并重新配备合格工器具。

 **典型违章案例5：**

> **违章描述**

220kV××线 N54—N63 电力线路迁改 N60 铁塔组立作业：现场使用的卸扣存在横向受力情况。存在卸扣断裂风险。（一般违章）

> **违章图片**

图 27　现场使用的卸扣存在横向受力情况

> **违反条款**

《典型违章库－基建线路部分》第 88 条：使用中的卸扣横向受力。《国家电网公司电力安全工作规程线路部分》14.2.13.1 卸扣应是锻造的。卸扣不准横向受力。

➤ **防范措施**

一是加强施工工器具配备，施工单位应为现场配备数量足够且合格的施工工器具，并就施工工器具使用开展交底培训，确保作业人员掌握正确使用方法。二是加强工器具进场前安全检查及过程安全检查，施工单位安全管理人员、现场监理人员要加强工器具检查验收，发现不合格工器具要第一时间清除出场，并重新配备合格工器具。

 **典型违章案例6：**

➤ **违章描述**

220kV××线路工程铁塔组立、挂紧线作业：机动绞磨卷筒与滑车距离小于15m。存在滑车和绞磨失稳跑绳风险。（一般违章）

➤ **违章图片**

图 28　机动绞磨卷筒与滑车距离小于 15m

➤ **违反条款**

《国家电网有限工程电力建设安全工作规程　第 2 部分：线路》8.2.13.9.f 设置导向滑车应对正卷筒中心，导向滑轮不得使用开口拉板式滑轮，滑车与卷筒的距离不应小于卷筒（光面）长度的 20 倍，与有槽卷筒不应小于 15 倍，且应不小于 15m。

➤ **防范措施**

一是加强施工机具配备，施工单位应为现场配备数量足够且合格的施工机具，并就施工机具使用开展交底培训，确保作业人员掌握正确使用方法。二是加强施工机具进场前安全检查及过程安全检查，施工单位安全管理人员、现场监理人员要加强施工机具检查验收，发现不合格施工机具要第一时间清除出场，并重新配备合格机具。发现机具未正确使用要立即纠正，并加强作业人员安规及操作规程的培训。

 **典型违章案例7：**

> ➢ **违章描述**

××工程张牵机、绞磨、临时拉线的地锚均未采取防雨措施。存在降雨后抗拔力不足的风险。（一般违章）

> ➢ **违章图片**

图 29　地锚均未采取防雨措施

> ➢ **违反条款**

《国家电网有限公司电力建设安全工作规程　第 2 部分：线路》11.1.6 临时地锚设置应遵守以下规定：c）临时地锚应采取避免雨水浸泡的措施。

《典型违章库－基建线路部分》第 90 条：地锚开挖的马道与受力方向不一致；未采取避免防雨水浸泡的措施。

> ➢ **防范措施**

一是严格执行输变电工程建设施工安全强制措施，落实"三算四严五禁止"要求，地锚投入使用前必须通过验收。二是加强地锚过程检查，施工单位作业层班组安全员按照施工方案要求对地锚规格、数量、外观等进行核查、验收，专业监理工程师或监理员进行复验。

### 典型违章案例8：

> ➢ **违章描述**

10kV××线 N15-N17 迁改施工架空线路改电缆作业：现场接地装置使用螺纹钢代替。存在接地不可靠风险。（一般违章）

> ➢ **违章图片**

图 30　地锚均未采取防雨措施

> ➢ **违反条款**

《典型违章库－基建线路部分》第 65 条：施工现场按规定应接地的施工机械、施工工器具、金属跨越架接地不可靠。

《国家电网有限公司电力建设安全工作规程　第 2 部分：线路》6.3.4 接零及接地保护要求：g）接地装置的敷设应符合 GB50194 的规定并应符合下列基本要求：2）人工接地体不得采用螺纹钢。

> ➢ **防范措施**

一是加强施工机具配备，施工单位应为现场配备数量足够且合格的施工机具，并就施工机具使用开展交底培训，确保作业人员掌握正确使用方法。二是加强施工机具进场前安全检查及过程安全检查，施工单位安全管理人员、现场监理人员要加强施工机具检查验收，发现施工机具未正确使用要立即纠正，并加强作业人员安规及操作规程的培训。

**典型违章案例9：**

> **违章描述**

220kV××线 N54-N63 电力线路迁改 N60 铁塔组立作业：现场多个卸扣销轴扣在活动的钢丝绳套内。存在卸扣销轴滑脱风险。（一般违章）

> **违章图片**

图 31　卸扣销轴扣在活动的钢丝绳套内

> **违反条款**

《国家电网有限工程电力建设安全工作规程　第 2 部分：线路》8.3.6.3：卸扣销轴不得扣在能活动的绳套式索具内。

> **防范措施**

一是加强施工工器具配备，施工单位应为现场配备数量足够且合格的施工工器具，并就施工工器具使用开展交底培训，确保作业人员掌握正确使用方法。二是加强工器具进场前安全检查及过程安全检查，施工单位安全管理人员、现场监理人员要加强工器具检查验收，发现不合格工器具要第一时间清除出场，并重新配备合格工器具。

 **典型违章案例10：**

> **违章描述**

××工程拉线绳卡压板未设置在受力主绳一侧。存在拉线强度降低的风险。（一般违章）

➢ **违章图片**

图 32 拉线绳卡压板未设置在受力主绳一侧

➢ **违反条款**

《国家电网有限公司电力建设安全工作规程 第 2 部分：线路》8.3.2.5：钢丝绳端部用绳卡固定连接时，绳卡压板应在钢丝绳主要受力的一边，并不得正反交叉设置。《国家电网有限公司电力建设安全工作规程 第 2 部分：线路》附录 E 起重机具检查和试验周期、质量参考标准：表 E.1 纤维绳、白棕绳：绳子光滑、干燥，无磨损现象。

《典型违章库－基建线路部分》第 92 条：施工现场的钢丝绳做临时拉线时，绳卡压板未在钢丝绳主要受力绳上，绳卡正反交叉设置或绳卡数量不满足安规要求。

➢ **防范措施**

一是加强施工工器具配备，施工单位应为现场配备数量足够且合格的施工工器具，并就施工工器具使用开展交底培训，确保作业人员掌握正确使用方法。二是加强工器具进场前安全检查及过程安全检查，施工单位安全管理人员、现场监理人员要加强工器具检查验收，发现不合格工器具要第一时间清除出场，并重新配备合格工器具。

 **典型违章案例11：**

➢ **违章描述**

××工程绞磨拉尾绳人员为 1 人，少于规程至少 2 人的要求。（一般违章）

> 违章图片

图 33　绞磨拉尾绳人员为 1 人少于规程至少 2 人的要求

> **违反条款**

《典型违章库－基建线路部分》第 87 条：绞磨拉磨尾绳少于 2 人（带尾绳自动收发装置的除外）。

> **防范措施**

一是加强施工机具配备，施工单位应为现场配备数量足够且合格的施工机具，并就施工机具使用开展交底培训，确保作业人员掌握正确使用方法。二是加强施工机具进场前安全检查及过程安全检查，施工单位安全管理人员、现场监理人员要加强施工机具检查验收，发现施工机具未正确使用要立即纠正，并加强作业人员安规及操作规程的培训。

 **典型违章案例12：**

> **违章描述**

××220kV 线路工程 N117 组塔作业：绞磨机械转动部分无防护罩。存在机械伤人风险。（一般违章）

> **违章图片**

图 34　绞磨机械转动部分无防护罩

> **违反条款**

《国家电网有限工程电力建设安全工作规程 第 2 部分：线路》表 E.1（续）电动及机动卷扬机（绞磨）（7）机械转动部分防护罩完整，开关及电动机外壳接地良好。

> **防范措施**

一是加强施工机具配备，施工单位应为现场配备数量足够且合格的施工机具，并就施工机具使用开展交底培训，确保作业人员掌握正确使用方法。二是加强施工机具进场前安全检查及过程安全检查，施工单位安全管理人员、现场监理人员要加强施工机具检查验收，发现施工机具未正确使用要立即纠正，并加强作业人员安规及操作规程的培训。

## 典型违章案例13：

> **违章描述**

××工程现场传递绳破损严重。（一般违章）

> **违章图片**

图 35　传递绳破损严重

> **违反条款**

《典型违章库－基建线路部分》第 94 条：施工现场使用中的合成纤维吊装带、棕绳、化纤绳的表面质量有缺陷；未按出厂数据使用，出厂合格证上的数据缺失。

> ➤ **防范措施**

一是加强施工工器具配备，施工单位应为现场配备数量足够且合格的施工工器具，并就施工工器具使用开展交底培训，确保作业人员掌握正确使用方法。二是加强工器具进场前安全检查及过程安全检查，施工单位安全管理人员、现场监理人员要加强工器具检查验收，发现不合格工器具要第一时间清除出场，并重新配备合格工器具。

 **典型违章案例14：**

> ➤ **违章描述**

××工程 19 号钢管杆现场放线滑车破损。（一般违章）

> ➤ **违章图片**

图 36　现场放线滑车破损

> ➤ **违反条款**

《典型违章库－基建线路部分》第 89 条：现场施工机械、施工工器具未经检验合格进行作业。

> ➤ **防范措施**

一是加强施工工器具配备，施工单位应为现场配备数量足够且合格的施工工器具，并就施工工器具使用开展交底培训，确保作业人员掌握正确使用方法。二是加强工器具进场前安全检查及过程安全检查，施工单位安全管理人员、现场监理人员要加强工器具检查验收，发现不合格工器具要第一时间清除出场，并重新配备合格工器具。

 **典型违章案例15：**

> **违章描述**

××工程 A1-A10 张力场一台链条葫芦合格证上试验日期与下次试验日期涂改，无法识别；另一台链条葫芦粘贴两个合格证标签编号不同，且其中一张合格证显示已超期。（一般违章）

> **违章图片**

图 37　试验日期涂改，超期

> **违反条款**

《国家电网有限公司电力建设安全工作规程　第 2 部分：线路》附录 E：起重机具检查和试验周期、质量参考标准：白棕绳、纤维绳、钢丝绳（起重用）、合成纤维吊带、铁链、链条葫芦、绳卡、卸扣、电动机及机动卷扬机（绞磨）每月检查一次，每年试验一次。

《典型违章库－基建线路部分》第 99 条：起重机具未对照标准进行检查和试验，无相关检查和试验记录。

> **防范措施**

一是加强施工工器具配备，施工单位应为现场配备数量足够且合格的施工工器具，并就施工工器具使用开展交底培训，确保作业人员掌握正确使用方法。二是加强工器具进场前安全检查及过程安全检查，施工单位安全管理人员、现场监理人员要加强工器具检查验收，发现不合格工器具要第一时间清除出场，并重新配备合格工器具。

**典型违章案例16：**

➤ **违章描述**

××工程 A1-A10 张力场使用的牵引绳多处破损。（一般违章）

➤ **违章图片**

图38　张力场使用的牵引绳多处破损

➤ **违反条款**

《国家电网有限公司电力建设安全工作规程　第 2 部分：线路》表 E.1 纤维绳、白棕绳：绳子光滑、干燥，无磨损现象。

《典型违章库－基建线路部分》第 94 条：施工现场使用中的合成纤维吊装带、棕绳、化纤绳的表面质量有缺陷；未按出厂数据使用，出厂合格证上的数据缺失。

➤ **防范措施**

一是加强施工工器具配备，施工单位应为现场配备数量足够且合格的施工工器具，并就施工工器具使用开展交底培训，确保作业人员掌握正确使用方法。二是加强工器具进场前安全检查及过程安全检查，施工单位安全管理人员、现场监理人员要加强工器具检查验收，发现不合格工器具要第一时间清除出场，并重新配备合格工器具。

**典型违章案例17：**

➢ **违章描述**

××工程80号塔链条葫芦起重链未收紧。（一般违章）

➢ **违章图片**

图39　链条葫芦起重链未收紧

➢ **违反条款**

《国家电网有限公司电力建设安全工作规程　第2部分：线路》第8.3.7.7条：带负荷停留较长时间或过夜时，应将手拉链条或扳手绑扎在起重链条上，并采取保险措施。

《典型违章库－基建线路部分》第98条：链条葫芦和手扳葫芦带负荷停留较长时间或过夜时，未将手拉链条或扳手绑扎在起重链条上。

➢ **防范措施**

一是加强施工工器具配备，施工单位应为现场配备数量足够且合格的施工工器具，并就施工工器具使用开展交底培训，确保作业人员掌握正确使用方法。二是加强工器具进场前安全检查及过程安全检查，施工单位安全管理人员、现场监理人员要加强工器具检查验收，发现不合格工器具要第一时间清除出场，并重新配备合格工器具。

**典型违章案例18：**

➤ **违章描述**

××工程抱杆底部受力绳连接处一只卸扣横向受力。（一般违章）

➤ **违章图片**

图40 卸扣横向受力

➤ **违反条款**

《国家电网有限公司电力建设安全工作规程 第 2 部分：线路》第 8.3.6.2 条：卸扣不得横向受力。

《典型违章库－基建线路部分》第 88 条：使用中的卸扣横向受力。

➤ **防范措施**

一是加强施工机具配备，施工单位应为现场配备数量足够且合格的施工机具，并就施工机具使用开展交底培训，确保作业人员掌握正确使用方法。二是加强施工机具进场前安全检查及过程安全检查，施工单位安全管理人员、现场监理人员要加强施工机具检查验收，发现施工机具未正确使用要立即纠正，并加强作业人员安规及操作规程的培训。

 **典型违章案例19：**

➤ **违章描述**

××500kV 线路工程 10+1 号杆塔组立：雨天施工，跨越架地锚未采取防

雨措施。存在抗拔力不够的风险。（一般违章）

➢ **违章图片**

图41 跨越架地锚未采取防雨措施

➢ **违反条款**

《国家电网有限公司电力建设安全工作规程 第2部分：线路》11.1.6 临时地锚设置应遵守以下规定：c）临时地锚应采取避免雨水浸泡的措施。

《典型违章库－基建线路部分》第90条：地锚开挖的马道与受力方向不一致；未采取避免防雨水浸泡的措施。

➢ **防范措施**

一是严格执行输变电工程建设施工安全强制措施，落实"三算四严五禁止"要求，地锚投入使用前必须通过验收。二是加强地锚过程检查，施工单位作业层班组安全员按照施工方案要求对地锚规格、数量、外观等进行核查、验收，专业监理工程师或监理员进行复验。

 **典型违章案例20：**

➢ **违章描述**

××工程2名现场作业人员未佩戴安全帽。（一般违章）

➤ **违章图片**

图 42 作业人员未佩戴安全帽

➤ **违反条款**

《国家电网公司电力安全工作规程（线路部分）》4.3.4 进入作业现场应正确佩戴安全帽，现场作业人员应穿全棉长袖工作服、绝缘鞋。

➤ **防范措施**

一是加强事前教育，结合站班会开展"震撼式"安全教育，作业负责人带领作业人员观看 1 个违章案例视频，加强本次作业安全措施的现场交底。二是加强作业过程中作业人员行为的检查，施工单位安全管理人员、现场监理人员要加强旁站及现场巡视，发现违章要及时制止，并加强人员教育。

 **典型违章案例21：**

➤ **违章描述**

110kV××线路工程：传递绳滑车未封口。存在传递绳滑车及传递绳脱落风险。（一般违章）

➤ **违章图片**

图 43 传递绳滑车未封口

223

> **违反条款**

《国家电网公司电力安全工作规程（线路部分）》14.2.14.2 滑车不准拴挂在不牢固的结构物上。线路作业中使用的滑车应有防止脱钩的保险装置，否则应采取封口措施。

> **防范措施**

一是加强施工工器具配备，施工单位应为现场配备数量足够且合格的高处作业施工工器具，并就施工工器具使用开展交底培训，确保作业人员掌握正确使用方法。二是加强工器具进场前安全检查及过程安全检查，施工单位安全管理人员、现场监理人员要加强工器具检查验收，发现不合格工器具要第一时间清除出场，并重新配备合格工器具。

## 典型违章案例22：

> **违章描述**

110kV××线路工程：塔上作业人员浮搁电动扳手。存在坠物伤人风险。（一般违章）

> **违章图片**

图 44　塔上作业人员浮搁电动扳手

> **违反条款**

《国家电网公司电力安全工作规程（线路部分）》10.12 高处作业应一律使用工具袋。较大的工具应用绳拴在牢固的构件上，工件、边角余料应放置在牢靠的地方或用铁丝扣牢并有防止坠落的措施，不准随便乱放，以防止从高空坠落发生事故。

《典型违章库－基建线路部分》第 67 条：高处作业时未将所用的工具和材料放在工具袋内或未用绳索拴在牢固的构件上；抛掷工具及材料。

> **防范措施**

一是加强事前教育，结合站班会开展"震撼式"安全教育，作业负责人带领作业人员观看 1 个违章案例视频，加强本次作业安全措施的现场交底。二是加强作业过程中作业人员行为的检查，施工单位安全管理人员、现场监理人员要加强旁站及现场巡视，发现违章要及时制止，并加强人员教育。

 **典型违章案例23：**

> **违章描述**

××220kV 线路迁改工程：手扳葫芦手柄未固定在起重链上。存在误碰扳手导致链条松脱风险。（一般违章）

> **违章图片**

图 45　手扳葫芦手柄未固定在起重链上

> **违反条款**

《国家电网有限公司电力建设安全工作规程　第 2 部分：线路》8.3.7.7 带负荷停留较长时间或过夜时，应将手拉链条或扳手绑扎在起重链条上，并采取保险措施。

《典型违章库－基建线路部分》第 98 条：链条葫芦和手扳葫芦带负荷停留较长时间或过夜时，未将手拉链条或扳手绑扎在起重链条上。

➤ **防范措施**

一是加强施工工器具配备，施工单位应为现场配备数量足够且合格的施工工器具，并就施工工器具使用开展交底培训，确保作业人员掌握正确使用方法。二是加强工器具进场前检查及过程检查，施工单位安全管理人员、现场监理人员要加强工器具检查验收，发现不合格工器具要第一时间清除出场，并重新配备合格工器具。使用不正确的要及时纠正。

**典型违章案例24：**

➤ **违章描述**

××220kV 线路迁改工程导地线展放、紧线作业：使绞磨的接地线采用缠绕方式连接，连接松动、不牢靠。存在接地不良风险。（一般违章）

➤ **违章图片**

图46 绞磨的接地线采用缠绕方式连接

➤ **违反条款**

《国家电网有限公司电力建设安全工作规程 第 2 部分：线路》12.3.7a）牵引设备及张力设备的锚固应可靠，接地应良好。

> **防范措施**

一是加强施工工器具配备，施工单位应为现场配备数量足够且合格的施工工器具，并就施工工器具使用开展交底培训，确保作业人员掌握正确使用方法。二是加强工器具进场前检查及过程检查，施工单位安全管理人员、现场监理人员要加强工器具检查验收，发现不合格工器具要第一时间清除出场，并重新配备合格工器具。使用不正确的要及时纠正。

 **典型违章案例25：**

> **违章描述**

××110kV 线路工程：手扳葫芦长时间带负荷停留，未将扳手绑扎在链条上。存在手扳葫芦误动、物体打击风险。（一般违章）

> **违章图片**

图 47　手扳葫芦长时间带负荷停留，未将扳手绑扎在链条上

> **违反条款**

《国家电网有限公司电力建设安全工作规程　第 2 部分：线路》8.3.7.7 带负荷停留较长时间或过夜时，应将手拉链条或扳手绑扎在起重链条上，并采取保险措施。

《典型违章库—基建线路部分》第 98 条：链条葫芦和手扳葫芦带负荷停留较长时间或过夜时，未将手拉链条或扳手绑扎在起重链条上。

> **防范措施**

一是加强施工工器具配备，施工单位应为现场配备数量足够且合格的施工工器具，并就施工工器具使用开展交底培训，确保作业人员掌握正确使用方法。二是加强工器具进场前检查及过程检查，施工单位安全管理人员、现场监理人员要加强工器具检查验收，发现不合格工器具要第一时间清除出场，并重新配备合格工器具。使用不正确的要及时纠正。

### 典型违章案例26：

> **违章描述**

××110kV 线路工程：临时拉线的绳卡压板未设置在钢丝绳主要受力的一边，传递绳破损严重。存在断线、脱线的风险。（一般违章）

> **违章图片**

图 48   临时拉线的绳卡压板未设置在钢丝绳主要受力的一边

> **违反条款**

《国家电网有限公司电力建设安全工作规程   第 2 部分：线路》8.3.7.7 带负荷停留较长时间或过夜时，应将手拉链条或扳手绑扎在起重链条上，并采取保险措施。

《典型违章库—基建线路部分》第 98 条：链条葫芦和手扳葫芦带负荷停留较长时间或过夜时，未将手拉链条或扳手绑扎在起重链条上。

> **防范措施**

一是加强施工工器具配备，施工单位应为现场配备数量足够且合格的施工工器具，并就施工工器具使用开展交底培训，确保作业人员掌握正确使用方法。二是加强工器具进场前检查及过程检查，施工单位安全管理人员、现场监理人员要加强工器具检查验收，发现不合格工器具要第一时间清除出场，并重新配备合格工器具。使用不正确的要及时纠正。

 **典型违章案例27：**

> **违章描述**

110kV××线 1 号-4 号、110kV××21 号-18 号之间线路迁改：地锚埋设前，地锚验收牌已提前填好。存在地锚验收不合格风险。（一般违章）

> **违章图片**

图 49　地锚埋设前，地锚验收牌已提前填好

> **违反条款**

《输变电工程建设施工安全强制措施》表 1："四验"实施要求：地锚投入前必须通过验收：2.地锚进入作业点前，由施工作业层班组安全员按照施工方案要求对地锚规格、数量、外观等进行核查、验收，专业监理工程师或监理员进行复验。

> **防范措施**

一是严格执行输变电工程建设施工安全强制措施，落实"三算四严五禁止"

要求，地锚投入使用前必须通过验收。二是加强地锚过程检查，施工单位作业层班组安全员按照施工方案要求对地锚规格、数量、外观等进行核查、验收，专业监理工程师或监理员进行复验。

### 典型违章案例28：

➤ **违章描述**

拆除 220kV××线 1 号～3 号导地线跨高速工程：现场受力施工器具卡线器无合格证且超期未检，卡线器 1 颗螺帽锁紧销缺失。存在使用不合格施工器具风险。（一般违章）

➤ **违章图片**

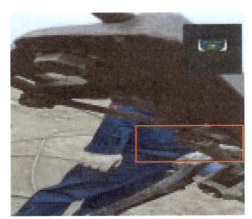

图 50　卡线器无合格证且超期未检，螺帽锁紧销缺失

➤ **违反条款**

《国家电网有限公司电力建设安全工作规程　第 2 部分：线路》附录 E 起重机具检查和试验周期、质量参考标准 8：卡线器应半年检查一次；每年试验一次。

➤ **防范措施**

一是加强施工工器具配备，施工单位应为现场配备数量足够且合格的施工工器具，并就施工工器具使用开展交底培训，确保作业人员掌握正确使用方法。二是加强施工工器具进场前检查及过程检查，施工单位安全管理人员、现场监理人员要加强工器具检查验收，发现不合格工器具要第一时间清除出场，并重新配备合格工器具。使用不正确的要及时纠正。三是施工工器具按照检查和试验周期做好定期检验和维护保养。

 **典型违章案例29：**

> ➤ **违章描述**

××220kV 线路工程 N117 组塔作业：绞磨的磨绳与地面堆放的塔材间存在互摩情况。存在磨绳受损、起重失稳风险。（一般违章）

> ➤ **违章图片**

图 51　绞磨的磨绳与地面堆放的塔材间存在互摩

> ➤ **违反条款**

《国家电网有限公司电力建设安全工作规程　第 2 部分：线路)》8.3.2.8 在捆扎或吊运物件时，不得使钢丝绳直接和物体的棱角相接触。

> ➤ **防范措施**

一是加强施工工器具配备，施工单位应为现场配备数量足够且合格的施工工器具，并就施工工器具使用开展交底培训，确保作业人员掌握正确使用方法。二是加强施工工器具进场前检查及过程检查，施工单位安全管理人员、现场监理人员要加强工器具检查验收，发现工器具使用未正确使用要立即纠正，磨损严重的达到报废标准的要及时清退。三是施工工器具按照检查和试验周期做好定期检验和维护保养。

 **典型违章案例30：**

> **违章描述**

××110kV 线路工程：现场固定机动绞磨的地锚埋设后回填土未完全夯实。存在抗拔力不够的风险。（一般违章）

> **违章图片**

图 52　地锚埋设后回填土未完全夯实

> **违反条款**

《国家电网有限公司电力建设安全工作规程　第 2 部分：线路》8.3.13.4 地锚、地钻埋设应专人检查验收，回填土层应逐层夯实。

> **防范措施**

一是严格执行输变电工程建设施工安全强制措施，落实"三算四严五禁止"要求，地锚投入使用前必须通过验收。二是加强地锚过程检查，施工单位作业层班组安全员按照施工方案要求对地锚规格、数量、外观等进行核查、验收，专业监理工程师或监理员进行复验。

 **典型违章案例31：**

> **违章描述**

××铁路牵引站 110kV 线路迁改工程导地线展放、拆旧作业：地锚验收牌不规范，缺少地锚吨位、班组人员等关键信息。存在地锚验收不到位的风险。
（一般违章）

➢ **违章图片**

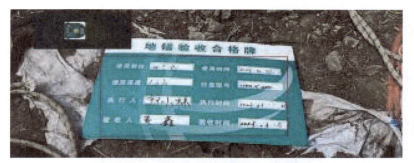

图 53　地锚验收牌不规范缺少关键信息

➢ **违反条款**

《输变电工程建设安全文明施工规程》7.2.5 地锚、拉线设置地点应设置地锚、拉线验收牌，尺寸为 600mm×400mm。

《输变电工程建设施工安全强制措施》表 1："四验"实施要求：地锚投入前必须通过验收：2.地锚进入作业点前，由施工作业层班组安全员按照施工方案要求对地锚规格、数量、外观等进行核查、验收，专业监理工程师或监理员进行复验。

➢ **防范措施**

一是严格执行输变电工程建设施工安全强制措施，落实"三算四严五禁止"要求，地锚投入使用前必须通过验收。二是加强地锚过程检查，施工单位作业层班组安全员按照施工方案要求对地锚规格、数量、外观等进行核查、验收，专业监理工程师或监理员进行复验。对验收合格的地锚悬挂地锚验收合格牌。

## 3.3.5　高处作业

 **典型违章案例1：**

➢ **违章描述**

××抽水蓄能电站—××500kV 线路工程 N76 组塔：施工高空作业人员杆

塔上转移作业位置时失去保护（录像显示，作业人员向上移动约 3m，横向移动约 5m）。存在高处坠落风险。（I类严重违章）

> **违章图片**

图 54　杆塔上转移作业位置时失去保护

> **违反条款**

《典型违章库－基建线路部分》第 14 条：高处作业、攀登或转移作业位置时失去保护。

> **防范措施**

一是加强事前安全教育，结合站班会开展"震撼式"安全教育，作业负责人带领作业人员观看 1 起事故或违章案例视频，加强本次作业安全措施的现场交底，特别强调高处作业人员不得失去保护。二是加强安全工器具配备，施工单位应为现场配备数量足够且合格的高处作业安全工器具，并就安全工器具使用开展交底培训，确保作业人员掌握正确使用方法。三是加强过程安全检查，施工单位安全管理人员、现场监理人员要加强旁站和安全巡视，发现高空失保现象后要第一时间予以制止，并按工程要求兑现惩处措施。

 **典型违章案例2：**

> **违章描述**

500kV××二线综合检修：高空人员塔上移失去保护（上下绝缘子未使用安全

带和软梯，沿绝缘子攀爬；在塔上移动时未使用安全带和后备绳）。（I类严重违章）

➢ **违章图片**

图 55 塔上移失去保护

➢ **违反条款**

《典型违章库－基建线路部分》第 14 条：高处作业、攀登或转移作业位置时失去保护。

《国家电网公司关于印发生产现场作业"十不干"的通知》（国家电网安质〔2018〕21 号）"十不干"第八条：高空防坠落措施不完善的不干。

《国家电网有限公司严重违章释义》第十三条：高处作业、攀登或转移作业位置时失去保护。释义：4.杆塔上水平转移时未使用水平绳或设置临时扶手，垂直转移时未使用速差自控器或安全自锁器等装置。

《国家电网公司电力安全工作规程线路部分》9.2.4 在杆塔上作业时，应使用有后备保护绳或速差自锁器的双控背带式安全带，当后备保护绳超过 3m 时，应使用缓冲器。安全带和后备保护绳应分别挂在杆塔不同部位的牢固构件上。后备保护绳不准对接使用。

➢ **防范措施**

一是加强事前安全教育，结合站班会开展"震撼式"安全教育，作业负责人带领作业人员观看 1 起事故或违章案例视频，加强本次作业安全措施的现场交底，特别强调高处作业人员不得失去保护。二是加强安全工器具配备，施工单位应为现场配备数量足够且合格的高处作业安全工器具，并就安全工器具使用开展交底培训，确保作业人员掌握正确使用方法。三是加强过程安全检查，施工单位安全管理人员、现场监理人员要加强旁站和安全巡视，发现高空失保现象后要第一时间予以制止，并按工程要求兑现惩处措施。

**典型违章案例3：**

> ➤ **违章描述**

××工程高处作业人员未使用安全带，且未使用后备保护绳。存在高处坠落的风险。（Ⅰ类严重违章）

> ➤ **违章图片**

图 56  高处作业人员未使用安全带

> ➤ **违反条款**

《典型违章库－基建线路部分》第 14 条：高处作业、攀登或转移作业位置时失去保护。

《国家电网公司关于印发生产现场作业"十不干"的通知》（国家电网安质〔2018〕21 号）"十不干"第八条：高空防坠落措施不完善的不干。

《国家电网有限公司严重违章释义》第十三条：高处作业、攀登或转移作业位置时失去保护。释义：4.杆塔上水平转移时未使用水平绳或设置临时扶手，垂直转移时未使用速差自控器或安全自锁器等装置。

> **防范措施**

一是加强事前安全教育，结合站班会开展"震撼式"安全教育，作业负责人带领作业人员观看1起事故或违章案例视频，加强本次作业安全措施的现场交底，特别强调高处作业人员不得失去保护。二是加强安全工器具配备，施工单位应为现场配备数量足够且合格的高处作业安全工器具，并就安全工器具使用开展交底培训，确保作业人员掌握正确使用方法。三是加强过程安全检查，施工单位安全管理人员、现场监理人员要加强旁站和安全巡视，发现高空失保现象后要第一时间予以制止，并按工程要求兑现惩处措施。

 **典型违章案例4：**

> **违章描述**

××工程高处作业未用工具袋，脚扣浮搁在横担上未固定。存在高空坠物伤人风险。（一般违章）

> **违章图片**

图57 高处作业未用工具袋

> **违反条款**

《典型违章库－基建线路部分》第67条：高处作业时未将所用的工具和材料放在工具袋内或未用绳索拴在牢固的构件上；抛掷工具及材料。

> **防范措施**

一是加强事前教育，结合站班会开展"震撼式"安全教育，作业负责人带领作业人员观看 1 起事故或违章案例视频，加强本次作业安全措施的现场交底。二是加强作业过程中作业人员行为的检查，施工单位安全管理人员、现场监理人员要加强旁站及现场巡视，发现违章要及时制止，并加强人员教育。

## 典型违章案例5：

> **违章描述**

××工程 G312 号塔高处作业人员多次高空抛物。（一般违章）

> **违章图片**

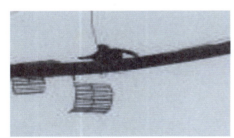

图 58　高处作业人员多次高空抛物

> **违反条款**

《国家电网有限公司电力建设安全工作规程　第 2 部分：线路》7.1.1.8 高处作业所用的工具和材料应放在工具袋内或用绳索拴在牢固的构件上，较大的工具应系保险绳。上下传递物件应使用绳索，不得抛掷。

《典型违章库－基建线路部分》第 67 条：高处作业时未将所用的工具和材料放在工具袋内或未用绳索拴在牢固的构件上；抛掷工具及材料。

> **防范措施**

一是加强事前教育，结合站班会开展"震撼式"安全教育，作业负责人带领作业人员观看 1 起事故或违章案例视频，加强本次作业安全措施的现场交底。二是加强作业过程中作业人员行为的检查，施工单位安全管理人员、现场监理人员要加强旁站及现场巡视，发现违章要及时制止，并加强人员教育。

**典型违章案例6：**

➤ **违章描述**

××330kV 线路工程基础××线 G172 人工开挖作业：高处作业人员利用安全带后备保护绳捆绑作业所用材料。存在后备保护绳破损的风险。（一般违章）

➤ **违章图片**

图 59　高处作业人员利用安全带后备保护绳捆绑作业所用材料

➤ **违反条款**

《国家电网有限工程电力建设安全工作规程　第 2 部分：线路》8.4.1.5 安全工器具不得接触高温、明火、化学腐蚀物及尖锐物体，不得移作他用。

➤ **防范措施**

一是加强事前教育，结合站班会开展"震撼式"安全教育，作业负责人带领作业人员观看 1 起事故或违章案例视频，加强本次作业安全措施的现场交底。二是加强作业过程中作业人员行为的检查，施工单位安全管理人员、现场监理人员要加强旁站及现场巡视，发现违章要及时制止，并加强人员教育。

 **典型违章案例7：**

➤ **违章描述**

××工程作业人员将安全带与后备保护绳对接使用。存在失去保护的风险。（一般违章）

➤ **违章图片**

图 60　安全带与后备保护绳对接使用

➤ **违反条款**

《国家电网工程电力安全工作规程（线路部分）》9.2.4 后备保护绳不准对接使用。

➤ **防范措施**

一是加强事前教育，结合站班会开展"震撼式"安全教育，作业负责人带领作业人员观看 1 起事故或违章案例视频，加强本次作业安全措施的现场交底。二是加强作业过程中作业人员行为的检查，施工单位安全管理人员、现场监理人员要加强旁站及现场巡视，发现违章要及时制止，并加强人员教育。

 **典型违章案例8：**

➤ **违章描述**

××工程作业人员将攀登自锁器连接在腰部，未连接在安全带前胸或后背挂点上。存在使用不当伤人的风险。（一般违章）

➤ **违章图片**

图 61　攀登自锁器连接在腰部，未连接在安全带前胸或后背挂点上

> **违反条款**

《国家电网有限工程电力建设安全工作规程　第 2 部分：线路》8.4.2.6 攀登自锁器要求：d）自锁器与安全带之间的连接绳不应大于 0.5m，自锁器应连接在人体前胸或后背的安全带挂点上。

> **防范措施**

一是加强事前教育，结合站班会开展"震撼式"安全教育，作业负责人带领作业人员观看 1 起事故或违章案例视频，加强本次作业安全措施的现场交底。二是加强作业过程中作业人员行为的检查，施工单位安全管理人员、现场监理人员要加强旁站及现场巡视，发现违章要及时制止，并加强人员教育。

 **典型违章案例9：**

> **违章描述**

××工程作业人员未将安全带和后备保护绳分别挂在杆塔不同部位的牢固构件上。（一般违章）

> **违章图片**

图 62　未将安全带和后备保护绳分别挂在杆塔不同部位的牢固构件上

> **违反条款**

《国家电网工程电力安全工作规程（线路部分）》9.2.4 安全带和后备保护绳应分别挂在杆塔不同部位的牢固构件上。

> **防范措施**

一是加强事前教育，结合站班会开展"震撼式"安全教育，作业负责人带领作业人员观看 1 起事故或违章案例视频，加强本次作业安全措施的现场交底。二是加强作业过程中作业人员行为的检查，施工单位安全管理人员、现场监理人员要加强旁站及现场巡视，发现违章要及时制止，并加强人员教育。

 **典型违章案例10：**

> **违章描述**

××工程高空人员的后备保护绳低挂高用。存在坠落受伤的风险。（一般违章）

> **违章图片**

图 63　后备保护绳低挂高用

> **违反条款**

《国家电网有限工程电力建设安全工作规程　第 2 部分：线路》8.4.2.2 安全带的挂钩或绳子应挂在结实牢固的构件或挂安全带专用的钢丝绳上，并应采用高挂低用的方式。

> **防范措施**

一是加强事前教育，结合站班会开展"震撼式"安全教育，作业负责人带领作业人员观看 1 起事故或违章案例视频，加强本次作业安全措施的现场交底。二是加强作业过程中作业人员行为的检查，施工单位安全管理人员、现场监理人员要加强旁站及现场巡视，发现违章要及时制止，并加强人员教育。

 **典型违章案例11：**

> **违章描述**

××110kV 线路工程：现场悬挂的一个速差自控器回收功能受阻，未能完全回收。存在人身防护不到位风险。（一般违章）

➤ **违章图片**

图 64　速差自控器回收功能受阻

➤ **违反条款**

《国家电网有限工程电力建设安全工作规程　第 2 部分：线路》8.4.2.5 速差自控器要求：c）用手将速差自控器的安全绳（带）进行快速拉出，速差自控器应能有效制动并完全回收。

➤ **防范措施**

一是加强施工工器具配备，施工单位应为现场配备数量足够且合格的施工工器具，并就施工工器具使用开展交底培训，确保作业人员掌握正确使用方法。二是加强工器具进场前安全检查及过程安全检查，施工单位安全管理人员、现场监理人员要加强工器具检查验收，发现工器具损坏要及时更换，工器具未正确使用要立即纠正，并加强使用人员安规的培训。

 **典型违章案例12：**

➤ **违章描述**

××110kV 线路改造工程导地线架设及附件安装作业：高处作业人员携带梯子沿铁塔攀登。存在人员坠落的风险。（一般违章）

➤ **违章图片**

图 65　高处作业人员携带梯子沿铁塔攀登

> **违反条款**

《国家电网工程电力安全工作规程（线路部分）》9.2.2 禁止携带器材登杆或在杆塔上移位。

> **防范措施**

一是加强事前教育，结合站班会开展"震撼式"安全教育，作业负责人带领作业人员观看 1 起事故或违章案例视频，加强本次作业安全措施的现场交底。二是加强作业过程中作业人员行为的检查，施工单位安全管理人员、现场监理人员要加强旁站及现场巡视，发现违章要及时制止，并加强人员教育。

## 典型违章案例13：

> **违章描述**

××工程塔上高空作业人员多次扔抛材料与工器具。（一般违章）

> **违章图片**

图 66  高空作业人员多次扔抛材料与工器具

> **违反条款**

《国家电网有限公司电力建设安全工作规程　第 2 部分：线路》7.1.1.8 高处作业所用的工具和材料应放在工具袋内或用绳索拴在牢固的构件上，较大的工具应系保险绳。上下传递物件应使用绳索，不得抛掷。

《典型违章库－基建线路部分》第 67 条：高处作业时未将所用的工具和材料放在工具袋内或未用绳索拴在牢固的构件上；抛掷工具及材料。

> **防范措施**

一是加强事前教育，结合站班会开展"震撼式"安全教育，作业负责人带领作业人员观看 1 起事故或违章案例视频，加强本次作业安全措施的现场交底。二是加强作业过程中作业人员行为的检查，施工单位安全管理人员、现场监理人员要加强旁站及现场巡视，发现违章要及时制止，并加强人员教育。

  **典型违章案例14：**

> **违章描述**

××工程作业人员将速差自控器连接在腰部，未连接在人体前胸或后背的安全带挂点上。（一般违章）

> **违章图片**

图 67　速差自控器连接在腰部，未连接在人体前胸或后背的安全带挂点上

> **违反条款**

《国家电网有限公司电力建设安全工作规程　第 2 部分：线路》8.4.2.5.f

速差自控器应连接在人体前胸或后背的安全带挂点上，移动时应缓慢，不得跳跃。

> **防范措施**

一是加强事前教育，结合站班会开展"震撼式"安全教育，作业负责人带领作业人员观看 1 起事故或违章案例视频，加强本次作业安全措施的现场交底。二是加强作业过程中作业人员行为的检查，施工单位安全管理人员、现场监理人员要加强旁站及现场巡视，发现违章要及时制止，并加强人员教育。

## 典型违章案例15：

> **违章描述**

××110kV—220kV 线路迁改工程：高处作业人员手持材料上下塔。存在人员跌落及落物伤人的风险。（一般违章）

> **违章图片**

图68　高处作业人员手持材料上下塔

> **违反条款**

《国家电网公司电力安全工作规程（线路部分）》9.2.2 禁止携带器材登杆或在杆塔上移位。

> **防范措施**

一是加强事前教育，结合站班会开展"震撼式"安全教育，作业负责人带领作业人员观看 1 起事故或违章案例视频，加强本次作业安全措施的现场交底。二是加强作业过程中作业人员行为的检查，施工单位安全管理人员、现场监理人员要加强旁站及现场巡视，发现违章要及时制止，并加强人员教育。

 **典型违章案例16：**

➢ **违章描述**

××±800kV 特高压直流受端配套 500kV 送出工程：作业人员仅使用速差自锁器，未将安全带固定在牢固的构件上。存在高处作业保护不到位的风险。（一般违章）

➢ **违章图片**

图 69　作业人员未将安全带固定在牢固的构件上

➢ **违反条款**

《国家电网有限公司电力建设安全工作规程　第 2 部分：线路》7.1.1.6 高处作业时，宜使用坠落悬挂式安全带，并应采用速差自控器等后备防护设施。安全带及后备防护设施应固定在构件上，应高挂低用。高处作业过程中，应随时检查安全带绑扎的牢固情况。

➢ **防范措施**

一是加强事前教育，结合站班会开展"震撼式"安全教育，作业负责人带领作业人员观看 1 起事故或违章案例视频，加强本次作业安全措施的现场交底。二是加强作业过程中作业人员行为的检查，施工单位安全管理人员、现场监理人员要加强旁站及现场巡视，发现违章要及时制止，并加强人员教育。

**典型违章案例17：**

➤ **违章描述**

××抽水蓄能电站-抚顺 500kV 线路工程 N76 组塔：一名作业人员利用钢丝绳下滑转移作业位置。存在高处坠落风险。（一般违章）

➤ **违章图片**

图 70　作业人员利用钢丝绳下滑转移作业位置

➤ **违反条款**

《国家电网有限公司电力建设安全工作规程　第 2 部分：线路》7.1.1.10 高处作业人员上下杆塔应沿脚钉或爬梯攀登，不得使用绳索或拉线上下杆塔，不得顺杆或单根构件下滑或上爬。

➤ **防范措施**

一是加强事前教育，结合站班会开展"震撼式"安全教育，作业负责人带领作业人员观看 1 起事故或违章案例视频，加强本次作业安全措施的现场交底。二是加强作业过程中作业人员行为的检查，施工单位安全管理人员、现场监理人员要加强旁站及现场巡视，发现违章要及时制止，并加强人员教育。

**典型违章案例18：**

➤ **违章描述**

××110kV 线路工程组塔作业：高空立体交叉作业下方有人停留且未采取防护措施。存在高处落物伤人风险。（一般违章）

➢　违章图片

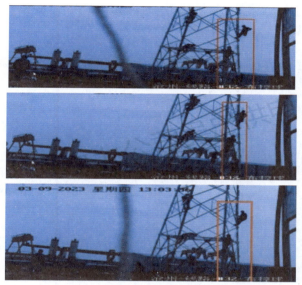

图 71　高空立体交叉作业下方有人停留且未采取防护措施

➢　**违反条款**

《国家电网有限公司电力建设安全工作规程　第 2 部分：线路》7.1.2.1 施工中应避免立体交叉作业。无法错开的立体交叉作业，应采取防高处落物、防坠落等防护措施。

➢　**防范措施**

一是加强事前教育，结合站班会开展"震撼式"安全教育，作业负责人带领作业人员观看 1 起事故或违章案例视频，加强本次作业安全措施的现场交底。二是加强作业过程中作业人员行为的检查，施工单位安全管理人员、现场监理人员要加强旁站及现场巡视，发现违章要及时制止，并加强人员教育。

 **典型违章案例19：**

➢　**违章描述**

330kV××Ⅱ线补加开口销子、接点紧固、加装可控式避雷针作业：作业

材料浮搁在塔材上，且未在坠落半径范围内设置围栏。存在高处坠落、高处落物伤人风险。（一般违章）

➢ **违章图片**

图 72 作业材料浮搁在塔材上，且未在坠落半径范围内设置围栏

➢ **违反条款**

《国家电网公司电力安全工作规程（线路部分）》18.1.11 高处作业应一律使用工具袋。较大的工具应用绳拴在牢固的构件上，工件、边角余料应放置在牢靠的地方或用铁丝扣牢并有防止坠落的措施，不准随便乱放，以防止从高空坠落发生事故。9.2.5 在杆塔上作业，工作点下方应按坠落半径设围栏或其他保护措施。

➢ **防范措施**

一是加强事前教育，结合站班会开展"震撼式"安全教育，作业负责人带领作业人员观看 1 起事故或违章案例视频，加强本次作业安全措施的现场交底。二是做好危险点分析（人员高处坠落、物体打击），并根据危险点制定相应的控制措施：有人员在杆塔上作业，工作点下方应按坠落半径设围栏。三是加强作业过程中作业人员行为的检查，施工单位安全管理人员、现场监理人员要加强旁站及现场巡视，发现违章要及时制止，并加强人员教育。

### 3.3.6　起重作业

 **典型违章案例1：**

> **违章描述**

××电厂二期送电工程 SN3、SN4 灌注桩基础钻孔、钢筋绑扎、混凝土浇筑作业：现场吊车未装设接地线。存在吊车司机触电的风险。（一般违章）

> **违章图片**

图 73　现场吊车未装设接地线

> **违反条款**

《典型违章库－基建线路部分》第 65 条：施工现场按规定应接地的施工机械、施工工器具、金属跨越架接地不可靠。

《国家电网有限公司电力建设安全工作规程　第 2 部分：线路》7.2.20 起重机在作业时，车身应使用截面积不小于 16mm² 软铜线可靠接地。

> **防范措施**

一是起重机械进场前做好机械合格证、定期检测报告、起重机司机资质、起重机械监测仪表及安全装置的检查，不合格机械禁止进场使用。二是使用过程中做好起重机械接地装置连接可靠性等检查。

**典型违章案例2：**

> **违章描述**

××工程起重机接地点锈蚀，且接地线线鼻压接不可靠。（一般违章）

> **违章图片**

图 74　起重机接地点锈蚀接地线线鼻压接不可靠

> **违反条款**

《典型违章库－基建线路部分》第 65 条：施工现场按规定应接地的施工机械、施工工器具、金属跨越架接地不可靠。

《国家电网有限公司电力建设安全工作规程　第 2 部分：线路》7.2.20 起重机在作业时，车身应使用截面积不小于 16mm² 软铜线可靠接地。

防范措施

一是起重机械进场前做好机械合格证、定期检测报告、起重机司机资质、起重机械监测仪表及安全装置的检查，不合格机械禁止进场使用。二是使用过程中做好起重机械接地装置连接可靠性等检查。

 **典型违章案例3：**

> **违章描述**

××110kV 输变电工程：吊车接地线截面积小于 16mm² 且接地体埋深不足 0.6m（经询问现场负责人）。存在接地保护失效的风险。

> ➤ **违章图片**

图 75　吊车接地线截面积小于 16mm² 且接地体埋深不足 0.6m

> ➤ **违反条款**

《国家电网有限工程电力建设安全工作规程　第 2 部分：线路》7.2.20 起重机在作业时，车身应使用截面积不小于 16mm² 软铜线可靠接地。

《典型违章库－基建线路部分》第 65 条：施工现场按规定应接地的施工机械、施工工器具、金属跨越架接地不可靠。

> ➤ **防范措施**

一是起重机械进场前做好机械合格证、定期检测报告、起重机司机资质、起重机械监测仪表及安全装置的检查，不合格机械禁止进场使用。二是使用过程中做好起重机械接地装置连接可靠性等检查。

 **典型违章案例4：**

> ➤ **违章描述**

××工程现场随车吊吊钩无防脱钩装置。（Ⅲ类严重违章）

> ➤ **违章图片**

图 76　随车吊吊钩无防脱钩装置

➤ **违反条款**

《典型违章库－基建线路部分》第 51 条：链条葫芦、手扳葫芦、吊钩式滑车等装置的吊钩和起重作业使用的吊钩无防止脱钩的保险装置。

《国家电网有限工程电力建设安全工作规程 第 2 部分：线路》7.2.7 起重机械的各种监测仪表以及制动器、限位器、安全阀、闭锁机构等安全装置应完好齐全、灵敏可靠，不得随意调整或拆除。

➤ **防范措施**

一是起重机械进场前做好合格证、定期检测报告、起重机司机资质、起重机械监测仪表及安全装置的检查，不合格机械禁止进场使用。二是使用过程中做好起重机械吊装过程检查。

 **典型违章案例5：**

➤ **违章描述**

××220kV 线路工程 NA14 号塔组立作业：吊车无限位装置。存在吊绳过卷扬风险。（一般违章）

➤ **违章图片**

图 77　吊车无限位装置

➤ **违反条款**

《国家电网有限工程电力建设安全工作规程 第 2 部分：线路》7.2.7 起重机械的各种监测仪表以及制动器、限位器、安全阀、闭锁机构等安全装置应完好齐全、灵敏可靠，不得随意调整或拆除。

> **防范措施**

一是起重机械进场前做好合格证、定期检测报告、起重机司机资质、起重机械监测仪表及安全装置的检查，不合格机械禁止进场使用。二是使用过程中做好起重机械吊装过程检查。

 **典型违章案例6：**

> **违章描述**

××工程现场使用的吊车操作室未铺设绝缘垫。存在人身感应电风险。（一般违章）

> **违章图片**

图 78  吊车操作室未铺设绝缘垫

> **违反条款**

《国家电网有限工程电力建设安全工作规程  第 2 部分：线路》7.2.10 起重机应配备灭火装置，操作室应铺橡胶绝缘带，不得存放易燃物品及堆放有碍操作的物品，非操作人员不得进入操作室；起重作业应划定作业区域并设置相应的安全标志，无关人员不得进入。

> **防范措施**

一是起重机械进场前做好机械合格证、定期检测报告、起重机司机资质、起重机械监测仪表及安全装置的检查，不合格机械禁止进场使用。二是使用过程中做好起重机械接地装置连接可靠性、绝缘措施等检查。

**典型违章案例7：**

➢ **违章描述**

××工程 2 号塔组立现场，现场吊车回转半径区域未设置围栏。（一般违章）

➢ **违章图片**

图 79　现场吊车回转半径区域未设置围栏

➢ **违反条款**

《国家电网有限工程电力建设安全工作规程　第 2 部分：线路》7.2.20 起重机在作业时，车身应使用截面积不小于 16mm²软铜线可靠接地。作业区域内应设围栏和相应的安全标志。

➢ **防范措施**

一是起重机械进场前做好合格证、定期检测报告、起重机司机资质、起重机械监测仪表及安全装置的检查，不合格机械禁止进场使用。二是使用过程中做好起重机械吊装过程检查。在吊车回转半径内禁止人员穿行。

 **典型违章案例8：**

➢ **违章描述**

××工程作业人员站立在吊车吊钩上，随吊钩上升至高空开展作业。（Ⅲ类严重违章）

➤　**违章图片**

图80　人员随吊钩上升至高空开展作业

➤　**违反条款**

《典型违章库－基建线路部分》第52条：使用起重机作业时，吊物上站人，作业人员利用吊钩上升或下降。使用起重机械载运人员。

《国家电网有限工程电力建设安全工作规程　第2部分：线路》8.1.1.7 吊物上不得站人，作业人员不得利用吊钩上升或下降。不得用起重机械载运人员。

➤　**防范措施**

一是起重机械进场前做好合格证、定期检测报告、起重机司机资质、起重机械监测仪表及安全装置的检查，不合格机械禁止进场使用。二是使用过程中做好起重机械吊装过程检查。吊物上不得站人，作业人员不得利用吊钩上升或下降。不得用起重机械载运人员。

　**典型违章案例9：**

➤　**违章描述**

××工程午休停工时，吊车吊臂未收回。（一般违章）

➢ **违章图片**

图 81　吊车吊臂未收回

➢ **违反条款**

《国家电网有限工程电力建设安全工作规程　第 2 部分：线路》第 8.1.2.9 条：起吊作业完毕后，应先将臂杆放在支架上，后起支腿；吊钩应用专用钢丝绳挂牢或固定于规定位置。

➢ **防范措施**

一是起重机械进场前做好合格证、定期检测报告、起重机司机资质、起重机械监测仪表及安全装置的检查，不合格机械禁止进场使用。二是使用过程中做好起重机械吊装过程检查。三是做好施工单位安全管理人员、监理人员做好监督，停止作业时吊车吊臂及时回收。

 **典型违章案例10：**

➢ **违章描述**

××工程无关人员进入起重作业区域。（一般违章）

➢ **违章图片**

图82　无关人员进入起重作业区域

➢ **违反条款**

《国家电网有限工程电力建设安全工作规程　第 2 部分：线路》7.2.10 起重作业应划定作业区域并设置相应的安全标志，无关人员不得进入。

➢ **防范措施**

一是加强事前教育，结合站班会开展"震撼式"安全教育，作业负责人带领作业人员观看 1 个违章案例视频，加强本次作业安全措施的现场交底。二是加强作业过程中作业区域的监护，施工单位安全管理人员、现场监理人员要加强旁站及现场巡视，发现违章要及时制止，并加强人员教育。无关人员不得进入作业区域。

 **典型违章案例11：**

➢ **违章描述**

××工程起吊过程中，吊物下站人且拉拽吊物。（Ⅲ类严重违章）

> ➤ **违章图片**

图 83　吊物下站人且拉拽吊物

> ➤ **违反条款**

《典型违章库－基建线路部分》第 39 条：起吊或牵引过程中，受力钢丝绳周围、上下方、转向滑车内角侧、吊臂和起吊物下面，有人逗留或通过。

> ➤ **防范措施**

一是加强事前教育，结合站班会开展"震撼式"安全教育，作业负责人带领作业人员观看 1 个违章案例视频，加强本次作业安全措施的现场交底。二是加强作业过程中作业区域的监护，施工单位安全管理人员、现场监理人员要加强旁站及现场巡视，发现违章要及时制止，并加强人员教育。吊装过程中吊臂下方不得有人逗留或通过。

### 3.3.7 有限空间作业

 **典型违章案例1：**

➤ **违章描述**

××工程坑底有人作业，通风管未伸入坑底。（一般违章）

➤ **违章图片**

图 84 坑底有人作业，通风管未伸入坑底

➤ **违反条款**

《输变电工程建设施工安全风险管理规程》附录 H（1）配备良好通风设备。每日开工前必须检测井下有无有毒、有害气体，并应有足够的安全防护措施。

➤ **防范措施**

一是加强事前教育，结合站班会开展"震撼式"安全教育，作业负责人带领作业人员观看 1 起事故或违章案例视频，加强本次作业安全措施的现场交底。二是严格执行输变电工程建设施工安全强制措施，落实"三算四严五禁止"要求，有限空间作业执行"先通风、再检测、后作业"的要求。在有限空间内作业，禁止不配备使用有害气体检测装置。

 **典型违章案例2：**

➤ **违章描述**

××330kV 线路工程基础施工作业：现场使用的手摇式送风机不能确保有限空间内新鲜空气足够的气流量。（一般违章）

➢ **违章图片**

图 85　现场使用的手摇式送风机不能确保有限空间内新鲜空气足够的气流量

➢ **违反条款**

《国家电网有限公司有限空间作业安全工作规定》通风设备（3）选用通风设备时，应根据有限空间体积而定，并确保能提供有限空间所需新鲜空气的气流量，保证作业场所应满足人均 30m³/h 的新风量。

➢ **防范措施**

一是加强事前教育，结合站班会开展"震撼式"安全教育，作业负责人带领作业人员观看 1 起事故或违章案例视频，加强本次作业安全措施的现场交底。二是严格执行输变电工程建设施工安全强制措施，落实"三算四严五禁止"要求，有限空间作业执行"先通风、再检测、后作业"的要求。在有限空间内作业，禁止不配备使用有害气体检测装置。

### 3.3.8　临时用电和消防

 **典型违章案例1：**

➢ **违章描述**

××工程现场消防安全管理不到位：G306 号塔作业现场存放的汽油桶旁无灭火器；G312 号塔 1 处灭火器检查表中无检查人签字；G305-306 号塔导线展放现场绞磨汽油桶旁无灭火器，使用塑料桶存放汽油。（一般违章）

➢ **违章图片**

图 86　汽油桶旁无灭火器，检查表中无检查人签字

➢ **违反条款**

《典型违章库－基建线路部分》第 70 条：汽油、柴油等挥发性物品未存放在专用区域内，容器未密封，附近有易燃易爆物品。

《典型违章库－基建线路部分》第 75 条：生产和施工场所未按规定配备消防器材或配备不合格的消防器材。

《典型违章库－基建线路部分》第 76 条：现场消防器材未定期检查、试验。

➢ **防范措施**

一是加强消防器材配备，施工单位应为现场配备数量足够且合格的消防器材，并就消防器材使用开展交底培训，确保作业人员掌握正确使用方法。二是加强消防器材进场前检查及过程检查，施工单位安全管理人员、现场监理人员要加强消防器材检查验收，发现不合格的消防器材要第一时间清除出场，并重新配备合格品。并指定专人负责定期检查和维护管理，保证完好可用。

**典型违章案例2：**

> **违章描述**

××工程组立新 24 号、新 25 号钢管杆：现场吊车驾驶室内 1 支灭火器压力指针在红色区域，显示压力不足，未及时更换。（一般违章）

> **违章图片**

图 87　灭火器压力指针在红色区域压力不足

> **违反条款**

《国家电网有限工程消防安全监督检查工作规范》附录表（A.2）19.2 灭火器外观完好，型号标识应清晰、完整。储压式灭火器压力符合要求，压力表指针在绿区，在有效期内。

> **防范措施**

一是加强消防器材配备，施工单位应为现场配备数量足够且合格的消防器材，并就消防器材使用开展交底培训，确保作业人员掌握正确使用方法。二是加强消防器材进场前检查及过程检查，施工单位安全管理人员、现场监理人员要加强消防器材检查验收，发现不合格的消防器材要第一时间清除出场，并重新配备合格品。并指定专人负责定期检查和维护管理，保证完好可用。

**典型违章案例3：**

> **违章描述**

110kV××线 1 号-4 号、110kV××21 号-18 号之间线路迁改：现场 3 支灭火器无检查记录。存在灭火器失效无法及时发现风险。（一般违章）

> **违章图片**

图 88　灭火器无检查记录

> **违反条款**

《典型违章库－基建线路部分》第 76 条：现场消防器材未定期检查、试验。

《电力设备典型消防规程》2.0.5 现场消防系统或消防设施应按区划分，并指定专人负责定期检查和维护管理，保证完好可用。

> **防范措施**

一是加强消防器材配备，施工单位应为现场配备数量足够且合格的消防器材，并就消防器材使用开展交底培训，确保作业人员掌握正确使用方法。二是加强消防器材进场前检查及过程检查，施工单位安全管理人员、现场监理人员要加强消防器材检查验收，发现不合格的消防器材要第一时间清除出场，并重新配备合格品。并指定专人负责定期检查和维护管理，保证完好可用。

**典型违章案例4：**

➢ **违章描述**

××110kV 输变电工程 8 号始发井竖井开挖及支护作业：现场二级电源箱未上锁。存在非电工人员打开电源箱触电的风险。（一般违章）

➢ **违章图片**

图 89　现场二级电源箱未上锁

➢ **违反条款**

《国家电网有限公司电力建设安全工作规程　第 2 部分：线路》6.3.5.用电及用电设备要求：c）现场的配电箱应配锁具。

➢ **防范措施**

加强临时用电设备的管理，用电单位应建立施工用电安全岗位责任制，明确各级用电安全责任人。施工现场用电设备等应有专人进行维护和管理，现场的配电箱应配锁具，一、二级配电箱必须加锁，电气设备明显部位应设禁止靠近以防触电的安全标志牌。

 **典型违章案例5：**

➢ **违章描述**

××220kV 线路工程 3 号～5 号、35 号～38 号基础开挖作业：现场振

捣器与发电机直接连接，中间无开关及漏电保护器。存在触电伤人风险。（一般违章）

➢ **违章图片**

图 90　发电机无开关及漏电保护器

➢ **违反条款**

《国家电网有限公司电力建设安全工作规程　第 2 部分：线路》6.3.3p）电动机械或电动工具应做到"一机一闸一保护"。

《典型违章库－基建线路部分》第 78 条：临时用电配电箱未接地，操作部位有带电体裸露，负荷未标明使用设备名称，单相开关未标明电压。临时用电的电源线直接挂在闸刀上或直接用线头插入插座内使用。电动机械或电动工具未做到"一机一闸一保护"。

➢ **防范措施**

加强临时用电设备的管理，用电单位应建立施工用电安全岗位责任制，明确各级用电安全责任人。施工现场用电设备等应有专人进行维护和管理，现场的配电箱应配锁具，一、二级配电箱必须加锁，电气设备明显部位应设禁止靠近以防触电的安全标志牌。电动机械或电动工具应做到"一机一闸一保护"。

### 3.3.9 拆除作业

**🎬 典型违章案例1：**

➤ **违章描述**

××工程原 297 号～298 号塔拆除间隔棒作业人员的安全带后备保护绳挂在一根子导线上，未挂在整相导线上。（一般违章）

➤ **违章图片**

图 91　后备保护绳挂在一根子导线上，未挂在整相导线上

➤ **违反条款**

《典型违章库－基建线路部分》第 120 条：安装间隔棒时，未使用安全带或后备保护绳未拴在整相导线上。

➤ **防范措施**

一是加强事前教育，结合站班会开展"震撼式"安全教育，作业负责人带领作业人员观看 1 个违章案例视频，加强本次作业安全措施的现场交底。二是加强作业过程中作业人员行为的检查，施工单位安全管理人员、现场监理人员要加强旁站及现场巡视，发现违章要及时制止，并加强人员教育。

**典型违章案例2：**

> **违章描述**

××工程钢管跨越架正在拆除，接地线已提前拆除。（一般违章）

> **违章图片**

图92 提前拆除接地线

> **违反条款**

《国家电网有限工程电力建设安全工作规程 第2部分：线路》12.1.2.5 各类型金属跨越架架体应有良好接地装置。

> **防范措施**

一是加强跨越架的验收。要求跨越架在投入使用前必须验收合格，并挂设验收合格牌。二是加强跨越架使用、拆除过程中的检查。附件安装完毕后，方可拆除跨越架。钢管、木质、毛竹跨越架应自上而下逐根拆除，并应有人传递，不得抛扔。不得上下同时拆架或将跨越架整体推倒。

**典型违章案例3：**

> **违章描述**

××工程18号钢管塔拆塔作业现场，使用的氧气瓶未垂直放置。（一般违章）

> **违章图片**

图93 氧气瓶未垂直放置

> **违反条款**

《国家电网公司电力安全工作规程线路部分》第16.5.11条：使用中的氧气瓶和乙炔气瓶应垂直放置并固定起来，氧气瓶和乙炔气瓶的距离不准小于5m。

> **防范措施**

严格执行气割拆除作业操作规程。在进行气焊或切割作业时，严禁无减压阀直接使用，气瓶与明火距离不得小于10m，乙炔瓶直立使用，氧气瓶与乙炔瓶距离大于5m。焊接和切割工作结束后，必须切断电源和气源。

## 3.3.10　临近带电体作业

 **典型违章案例1：**

> **违章描述**

××双回 500kV 线路开断环入×× Ⅱ 500kV 开关站线路工程：N1109

号塔邻近带电 500kV 线路，现场施工平面布置图、勘察记录中均未体现邻近带电线路作业的相关内容和防控要求，现场无围栏等警示隔离措施。（一般违章）

➤ **违章图片**

图 94 施工平面布置图、勘察记录中均未体现邻近带电线路作业的相关内容和防控要求

➤ **违反条款**

《国家电网有限工程电力建设安全工作规程 第 2 部分：线路》5.3.2.4 对评估风险等级为三级及以上的作业，应组织作业现场勘察。b）现场勘察应察看施工作业现场周边有无影响作业的建构筑物、地下管线、邻近设备、交叉跨越及地形、地质、气象等作业现场条件以及其他影响作业的风险因素，并提出安全措施和注意事项。

➤ **防范措施**

一是作业前切实开展现场勘察。重点查看现场施工（检修）作业需要停电的范围、保留的带电部位和作业现场的条件、环境及其他危险点等，并将影响施工的风险因素全部填写在勘察记录中。二是关注环境因素的变化。复勘中施工作业前对存在的风险进行再次评估、判别，依据风险控制关键因素变化情况来完善、补充风险控制措施。

**典型违章案例2：**

➢ **违章描述**

××线外部工程 1 号附件安装作业：检修地点有交叉跨越线路，作业人员进行引流板安装作业时，接触导线时未使用个人保安线。存在感应电伤人风险。（一般违章）

➢ **违章图片**

图 95　交叉跨越线路未使用个人保安线

➢ **违反条款**

《国家电网公司电力安全工作规程线路部分》6.5.1 工作地段如有邻近、平行、交叉跨越及同杆塔架设线路，为防止停电检修线路上感应电压伤人，在需要接触或接近导线工作时，应使用个人保安线。

➢ **防范措施**

一是作业前切实开展现场勘察。重点查看现场施工（检修）作业需要停电的范围、保留的带电部位和作业现场的条件、环境及其他危险点等，并将影响施工的风险因素全部填写在勘察记录中。二是关注环境因素的变化。复勘中施工作业前对存在的风险进行再次评估、判别，依据风险控制关键因素变化情况来完善、补充风险控制措施。三是为作业人员正确配备使用安全工器具，工作地段如有邻近、平行、交叉跨越及同杆塔架设线路，为防止停电检修线路上感应电压伤人，在需要接触或接近导线工作时，应使用个人保安线。

### 3.3.11　土石方作业

 **典型违章案例：**

> **违章描述**

××工程现场挖掘区域未设置围栏，且土堆高度超过 1.5m。（一般违章）

> **违章图片**

图 96　挖掘区域未设置围栏，且土堆高度超过 1.5m

> **违反条款**

《典型违章库－基建线路部分》第 103 条：基坑开挖时，堆土未距坑边 1m 以外，高度超过 1.5m。除掏挖桩基础外，不用挡土板挖坑时，坑壁未根据地质情况留有适当坡度。

> **防范措施**

一是作业前切实开展现场勘察。重点查看现场施工（检修）作业需要停电的范围、保留的带电部位和作业现场的条件、环境及其他危险点等，并将影响施工的风险因素全部填写在勘察记录中。二是关注环境因素的变化。复勘中施工作业前对存在的风险进行再次评估、判别，依据风险控制关键因素变化情况来完善、补充风险控制措施。三是做好施工区域临边防护措施。临边区域设置围栏隔离，并悬挂醒目的安全警示标志。

### 3.3.12  杆塔基础、电缆隧道、电缆沟混凝土作业

**典型违章案例1：**

➢ **违章描述**

××工程施工基坑边缘未规范设置安全护栏，未使用有限空间警示标识，同时坑洞边缘 1m 以内堆放材料和工具，存在掉落基坑内伤人风险。（一般违章）

➢ **违章图片**

图 97  基坑边缘未规范设置安全护栏，未使用有限空间警示标识

➢ **违反条款**

《国家电网有限工程电力建设安全工作规程  第 2 部分：线路》第 6.1.4 条：坑、沟、孔洞等均应铺设符合安全要求的盖板或设可靠的围栏、挡板及安全标志。第 10.3.10 条：b）坑口边缘 1m 以内不得堆放材料和工具。

➢ **防范措施**

一是作业前切实开展现场勘察。重点查看现场施工（检修）作业需要停电的范围、保留的带电部位和作业现场的条件、环境及其他危险点等，并将影响施工的风险因素全部填写在勘察记录中。二是关注环境因素的变化。复勘中施工作业前对存在的风险进行再次评估、判别，依据风险控制关键因素变化情况来完善、补充风险控制措施。三是做好施工区域临边防护措施。临边区域设置围栏隔离，并悬挂醒目的安全警示标志。

**典型违章案例2：**

➢ **违章描述**

××工程杆塔基坑顶部未埋设护筒，且基坑未设置围栏。（一般违章）

➢ **违章图片**

图98　基坑顶部未埋设护筒未设置围栏

➢ **违反条款**

《国家电网有限工程电力建设安全工作规程　第2部分：线路》10.4.1.4灌注桩施工遵守下列规定：b）孔顶应埋设护筒，埋深应不小于1m。

《输变电工程建设安全文明施工规程》5.1.2孔洞防护设施：人工挖孔桩基础、掏挖基础及岩石基础应设置围护栏杆，暂停施工的孔口应设通透的临时网盖。

➢ **防范措施**

一是作业前切实开展现场勘察。重点查看现场施工（检修）作业需要停电的范围、保留的带电部位和作业现场的条件、环境及其他危险点等，并将影响施工的风险因素全部填写在勘察记录中。二是关注环境因素的变化。复勘中施工作业前对存在的风险进行再次评估、判别，依据风险控制关键因素变化情况来完善、补充风险控制措施。三是做好施工区域临边防护措施。临边区域设置围栏隔离，并悬挂醒目的安全警示标志。

**典型违章案例3：**

➤ **违章描述**

××工程拆下的模板，朝天钉未拔除或砸平。（一般违章）

➤ **违章图片**

图 99　朝天钉未拔除或砸平

➤ **违反条款**

《国家电网有限工程电力建设安全工作规程　第 2 部分：线路》10.3.6 木模板外露的铁钉应及时拔掉或打弯。

➤ **防范措施**

做好现场安全文明施工的管理，拆除的材料要统一堆放管理，模板上的朝天钉要砸平。

 **典型违章案例4：**

➤ **违章描述**

××工程作业层脚手板未铺满、铺稳。（一般违章）

➤ **违章图片**

图 100　作业层脚手板未铺满、铺稳

> **违反条款**

《施工脚手架通用规范》4.4.4 作业脚手架、满堂支撑脚手架、附着式升降脚手架作业层应满铺脚手板，并应满足稳固可靠的要求。

> **防范措施**

加强脚手架的检查验收，作业过程中所用脚手架、跳板等材料必须符合规定，搭设符合规范要求。

 **典型违章案例5：**

> **违章描述**

××工程 M2130 塔基础开挖施工现场，作业暂停施工人员撤离后，孔洞未覆盖且未设置可靠的围栏或挡板。（一般违章）

> **违章图片**

图 101　孔洞未覆盖且未设置可靠的围栏或挡板

> **违反条款**

《典型违章库-生产线路部分》第 116 条：升降口、大小孔洞、楼梯和平台，未设置或设置的栏杆、挡脚板以及临时遮栏不规范。

> **防范措施**

做好施工区域临边、孔洞、基坑防护措施。临边、孔洞、基坑区域设置围栏隔离，并悬挂醒目的安全警示标志。

**典型违章案例6：**

➢ **违章描述**

××工程 B3 号模板施工现场，作业人员利用模板上下攀爬。（一般违章）

➢ **违章图片**

图 102　作业人员利用模板上下攀爬

➢ **违反条款**

《国家电网有限公司电力建设安全工作规程　第 2 部分：线路》10.1.1.5 作业人员上下基坑时应有可靠的扶梯或坡道，不得相互拉拽、攀登挡土板支撑上下，作业人员应在地面安全地点休息。

➢ **防范措施**

一是加强事前教育，结合站班会开展"震撼式"安全教育，作业负责人带领作业人员观看 1 个违章案例视频，加强本次作业安全措施的现场交底。二是加强作业过程中作业人员行为的检查，施工单位安全管理人员、现场监理人员要加强旁站及现场巡视，发现违章要及时制止，并加强人员教育。

 **典型违章案例7：**

➢ **违章描述**

××工程 B3 号模板施工现场，基坑围栏设置不全。（一般违章）

➢　**违章图片**

图 103　基坑围栏设置不全

➢　**违反条款**

《国家电网有限公司电力建设安全工作规程　第 2 部分：线路》6.1.4 施工现场及周围的悬崖、陡坎、深坑、高压带电区等危险场所均应设可靠的防护设施及安全标志；坑、沟、孔洞等均应铺设符合安全要求的盖板或设可靠的围栏、挡板及安全标志。危险场所夜间应设警示灯。

➢　**防范措施**

做好施工区域临边、孔洞、基坑防护措施。临边、孔洞、基坑区域设置围栏隔离，并悬挂醒目的安全警示标志。

 **典型违章案例8：**

➢　**违章描述**

××工程电缆沟开挖时，未设置围栏且夜间未设置警示灯。（一般违章）

➢　**违章图片**

图 104　电缆沟未设置围栏且夜间未设置警示灯

> **违反条款**

《国家电网有限公司电力建设安全工作规程 第 2 部分：线路》14.1.5 工井、电缆沟作业前，施工区域应设置标准路栏，夜间施工应使用警示灯。

> **防范措施**

做好施工区域临边、孔洞、基坑防护措施。临边、孔洞、基坑区域设置围栏隔离，并悬挂醒目的安全警示标志。

## 典型违章案例9：

> **违章描述**

××工程基础开挖及支模施工现场,脚手架未按照规程要求支撑牢固。(一般违章)

> **违章图片**

图 105　脚手架未按照规程要求支撑牢固

> **违反条款**

《国家电网有限公司电力建设安全工作规程 第 2 部分：线路》第 10.3.5 条：模板支撑应牢固，并应对称布置。

《JGJ130-2011 建筑施工扣件式钢管脚手架安全技术规范》第 6.6.1 条：双排脚手架应设置剪刀撑和横向斜撑，单排脚手架应设置剪刀撑。

➤ **防范措施**

加强脚手架的检查验收，作业过程中所用脚手架、跳板等材料必须符合规定，搭设符合规范要求。

 **典型违章案例10：**

➤ **违章描述**

××工程基础开挖及支模施工现场，基础土质为砂质粘土，坑深约 4.9m，开挖的坡度不满足规范要求。（一般违章）

➤ **违章图片**

图 106　开挖的坡度不满足规范要求

➤ **违反条款**

《国家电网有限公司电力建设安全工作规程 第 2 部分：线路》第 10.1.1.8 条：除掏挖桩基础外，不用挡土板挖坑时，坑壁应留有适当坡度，坡度参照表 9 确定（砂质粘土 1:0.5）。

《典型违章库－基建线路部分》第 103 条：基坑开挖时，堆土未距坑边 1m 以外，高度超过 1.5m。除掏挖桩基础外，不用挡土板挖坑时，坑壁未根据地质情况留有适当坡度。

➤ **防范措施**

加强基坑边坡的监测，土方开挖时，坑口边缘 1.0m 以内不得堆放材料、工具、泥土。并视土质特性，留有安全边坡。如果使用的开挖机械自重较大，基坑边缘容易发生塌方，严格按安规要求留有适当坡度，并加强安全监护。

 **典型违章案例11：**

➤ **违章描述**

××工程电缆井一侧进线口未完成封堵、现场坑沟周围无围栏防护。（一般违章）

➤ **违章图片**

图 107　现场坑沟周围无围栏防护

➤ **违反条款**

《国家电网有限公司电力建设安全工作规程　第 2 部分：线路》第 6.1.4 条：坑、沟、孔洞等均应铺设符合安全要求的盖板或设可靠的围栏、挡板及安全标志。

《典型违章库—生产线路部分》第 116 条：升降口、大小孔洞、楼梯和平台，未设置或设置的栏杆、挡脚板以及临时遮栏不规范。

> **防范措施**

做好施工区域临边、孔洞、基坑防护措施。临边、孔洞、基坑区域设置围栏隔离，并悬挂醒目的安全警示标志。

　**典型违章案例12：**

> **违章描述**

××工程基坑坑壁未留有适当坡度，坑口处边坡有裂缝且未采取防坍塌措施。（一般违章）

> **违章图片**

图108　基坑坑壁未留有适当坡度，边坡有裂缝且未采取防坍塌措施

> **违反条款**

《国家电网有限公司电力建设安全工作规程　第2部分：线路》10.1.1.8 除掏挖桩基础外，不用挡土板挖坑时，坑壁应留有适当坡度。10.1.2.3 基坑边坡应进行防护，防止雨水侵蚀。

《典型违章库－基建线路部分》第103条：基坑开挖时，堆土未距坑边1m

以外，高度超过 1.5m。除掏挖桩基础外，不用挡土板挖坑时，坑壁未根据地质情况留有适当坡度。

➤ **防范措施**

加强基坑边坡的监测，土方开挖时，坑口边缘 1.0m 以内不得堆放材料、工具、泥土。并视土质特性，留有安全边坡。如果使用的开挖机械自重较大，基坑边缘容易发生塌方，严格按安规要求留有适当坡度，并加强安全监护。

 **典型违章案例13：**

➤ **违章描述**

××220kV 外部供电工程：现场使用中的旋挖钻机未按施工方案要求设置接地措施。存在感应电伤人或触电伤人风险。（一般违章）

➤ **违章图片**

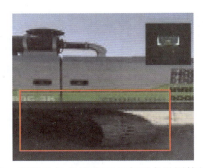

图 109　旋挖钻机未按施工方案要求设置接地措施

➤ **违反条款**

《国家电网有限公司电力建设安全工作规程　第 2 部分：线路》10.3.10 机电设备使用前应进行全面检查，确认机电装置完整、绝缘良好、接地可靠。

《国家电网有限公司输变电工程建设安全管理规定》第六十六条工程现场作业应落实施工方案中的各项安全技术措施。

➤ **防范措施**

一是做好机电设备投入使用前的安全检查，确认机电装置完整、绝缘良好、接地可靠。二是使用过程做好巡视检查，随时检查机电设备的接地装置是否可靠设置。

### 3.3.13 杆塔组立作业

 **典型违章案例1：**

➢ **违章描述**

110kV××线 20+3 号铁塔组立作业：施工方案中规定"吊装横担时，增加的辅助拉线，打在地线支架的上平面"，检查现场吊装横担作业，将外拉线作为临时拉线固定在地线支架的上平面位置，外拉线未固定在地面地锚上。存在抱杆拉线拉力不足风险。（一般违章）

➢ **违章图片**

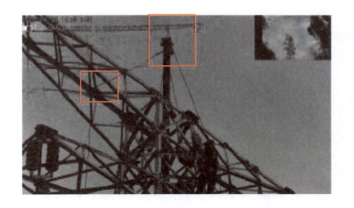

图 110 外拉线未固定在地面地锚上

> **违反条款**

《国家电网有限工程输变电工程建设安全管理规定》第六十六条工程现场作业应落实施工方案中的各项安全技术措施。施工项目部应根据工程实际编制施工方案，完成方案报审批准后，组织交底实施。

> **防范措施**

一是做好施工方案的编制与审核。方案编制要有针对性，现场作业严格按照施工方案执行。二是作业过程中做好与方案一致性的检查。如发现作业未按方案实施，应立即停止作业，并采取纠正措施。

### 典型违章案例2：

> **违章描述**

110kV××线 20+3 号铁塔组立作业：作业现场位于陡坡上，边坡高差达5m 以上，现场未设置围栏及安全标示牌。存在人员跌落受伤风险。（一般违章）

> **违章图片**

图 111　现场未设置围栏及安全标示牌

> **违反条款**

《国家电网有限公司电力建设安全工作规程　第 2 部分：线路》6.1.4 施工现场及周围的悬崖、陡坎、深坑、高压带电区等危险场所均应设可靠的防护设施及安全标志。

《国家电网有限工程电力建设安全工作规程　第 2 部分：线路》11.1.3 组塔

作业区域应设置提示遮栏等明显安全警示标志，非作业人员不得进入作业区。

> **防范措施**

一是作业前切实开展现场勘察。重点查看现场施工（检修）作业需要停电的范围、保留的带电部位和作业现场的条件、环境及其他危险点等，并将影响施工的风险因素全部填写在勘察记录中。二是关注环境因素的变化。复勘中施工作业前对存在的风险进行再次评估、判别，依据风险控制关键因素变化情况来完善、补充风险控制措施。三是做好施工区域临边防护措施。临边区域设置围栏隔离，并悬挂醒目的安全警示标志。

 **典型违章案例3：**

> **违章描述**

××抽水蓄能电站-抚顺 500kV 线路工程 N76 组塔施工作业：抱杆提升过程中未按施工方案要求设置腰环。存在抱杆倾风险。（一般违章）

> **违章图片**

图 112 抱杆提升过程中未按施工方案要求设置腰环

➤ **违反条款**

《国家电网有限工程电力建设安全工作规程 第 2 部分：线路》11.7.4 提升抱杆宜设置两道腰环，两道腰环之间的间距应根据抱杆长度合理设置，以保持抱杆的竖直状态。

➤ **防范措施**

一是做好施工方案的编制与审核。方案编制要有针对性，现场作业严格按照施工方案执行。二是作业过程中做好与方案一致性的检查。如发现作业未按方案实施，应立即停止作业，并采取纠正措施。

 **典型违章案例4：**

➤ **违章描述**

××220kV 线路工程 A18 钢管杆组立作业：塔材起吊过程中未使用控制绳。存在吊物晃动及吊具损坏风险。（一般违章）

➤ **违章图片**

图 113　塔材起吊过程中未使用控制绳

➤ **违反条款**

《国家电网有限公司电力建设安全工作规程 第 2 部分：线路》8.1.1.3 对易晃动的重物应拴好控制绳。

➤ **防范措施**

一是起重机械进场前做好合格证、定期检测报告、起重机司机资质、起重机械监测仪表及安全装置的检查，不合格机械禁止进场使用。二是使用过程中做好起重机械吊装过程检查。吊件吊起 100mm 后应暂停，检查起重系统的稳定性、制动器的可靠性、物件的平稳性、绑扎的牢固性，确认无误后方可继续起吊。对易晃动的重物应拴好控制绳。

 **典型违章案例5：**

> **违章描述**

××工程组塔时高处作业人员未站在安全位置，且用脚蹬正在吊装的塔片。（一般违章）

> **违章图片**

图114 高处作业人员未站在安全位置

> **违反条款**

《国家电网有限工程电力建设安全工作规程 第2部分：线路》11.3.6.b塔上组装应遵守下列规定：高处作业人员应站在塔身内侧或其他安全位置。

> **防范措施**

一是加强事前教育，结合站班会开展"震撼式"安全教育，作业负责人带领作业人员观看1个违章案例视频，加强本次作业安全措施的现场交底。二是加强作业过程中作业人员行为的检查，施工单位安全管理人员、现场监理人员要加强旁站及现场巡视，发现违章要及时制止，并加强人员教育。

 **典型违章案例6：**

> **违章描述**

××工程铁塔组立过程中，未将接地线有效连接即开始登塔作业。（一般违章）

> **违章图片**

图 115　未将接地线有效连接即开始登塔作业

> ➤ **违反条款**

《国家电网有限公司电力建设安全工作规程　第 2 部分：线路》第 11.1.8 条：组塔过程中应遵守下列规定：j）铁塔组立过程中及电杆组立后，应及时与接地装置可靠连接。

《典型违章库－基建线路部分》第 66 条：铁塔组立过程中及电杆组立后，未及时与接地装置可靠连接；跨越带电线路施工前，杆塔、导地线、放线滑车和施工机械等接地未可靠连接。

> ➤ **防范措施**

加强铁塔组立过程中接地装置的检查，铁塔组立过程中及电杆组立后，应及时与接地装置可靠连接。

 **典型违章案例7：**

> ➤ **违章描述**

××工程 G48 内悬浮抱杆承托绳的悬挂点设置位置不符合安规要求。（一般违章）

> ➤ **违章图片**

图 116　内悬浮抱杆承托绳的悬挂点设置位置不符合安规要求

> **违反条款**

《国家电网有限工程电力建设安全工作规程　第 2 部分：线路》第 11.7.1 条：承托绳的悬挂点应设置在有大水平材的塔架断面处。

> **防范措施**

一是做好施工方案的编制与审核。方案编制要有针对性，现场作业严格按照施工方案执行。二是作业过程中做好与方案一致性的检查。如发现作业未按方案实施，应立即停止作业，并采取纠正措施。

 **典型违章案例8：**

> **违章描述**

××抽水蓄能电站 330kV 送出工程：部分塔材顺斜坡放置。存在塔材滑动，造成物体打击风险。（一般违章）

> **违章图片**

图 117　部分塔材顺斜坡放置

> **违反条款**

《国家电网有限工程电力建设安全工作规程　第 2 部分：线路)》11.3.5 山地铁塔地面组装时应遵守下列规定：a）塔材不得顺斜坡堆放。

> **防范措施**

一是严格执行国网关于输电线路工程铁塔地面组装安全强制措施的要求，落实"四必须三严禁"措施，二是做好地形勘察，现场存在斜坡、高坎、悬崖、电力线等情况时，必须明确场地平整、塔材支垫方式等安全措施。场地坑洼不平无法有效进行支护的，作业前须进行平整，坡度较大经平整后仍无法有效支护的，应修建作业平台。大风、雨雪等天气后，须对沉降、位移及塔材不稳等情况采取加固措施后方可恢复作业。

## 典型违章案例9：

> **违章描述**

××工程吊装作业时人员站到塔材外侧拽拉吊物。（一般违章）

> **违章图片**

图 118　吊装作业时人员站到塔材外侧拽拉吊物

> **违反条款**

《国家电网有限工程电力建设安全工作规程　第 2 部分：线路》11.3.6 塔上组装应遵守下列规定：b）高处作业人员应站在塔身内侧或其他安全位置，且安全防护用具已设置可靠后方准作业。

> **防范措施**

一是加强事前教育，结合站班会开展"震撼式"安全教育，作业负责人带领作业人员观看 1 个违章案例视频，加强本次作业安全措施的现场交底。二是加强作业过程中作业人员行为的检查，施工单位安全管理人员、现场监理人员要加强旁站及现场巡视，发现违章要及时制止，并加强人员教育。

**典型违章案例10：**

➤ **违章描述**

××工程铁塔接地未按照要求可靠连接。（一般违章）

➤ **违章图片**

图 119 铁塔接地未按照要求可靠连接

➤ **违反条款**

《国家电网有限公司电力建设安全工作规程 第 2 部分：线路》第 11.1.8 条：组塔过程中应遵守下列规定：j）铁塔组立过程中及电杆组立后，应及时与接地装置可靠连接。

《典型违章库－基建线路部分》第 66 条：铁塔组立过程中及电杆组立后，未及时与接地装置可靠连接；跨越带电线路施工前，杆塔、导地线、放线滑车和施工机械等接地未可靠连接。

➤ **防范措施**

加强铁塔组立过程中接地装置的检查，铁塔组立过程中及电杆组立后，应及时与接地装置可靠连接。

 **典型违章案例11：**

➤ **违章描述**

××工程铁塔组塔现场重大危险点及预控措施公示与现场实际不相符，

重大危险点公示牌中为吊车组塔，现场实际为内悬浮内拉线抱杆组塔。（一般违章）

➢ **违章图片**

图 120　现场重大危险点及预控措施公示与现场实际不相符

➢ **违反条款**

《国家电网有限公司作业安全风险管控工作规定》第十八条：作业任务确定后，各单位应根据作业类型、作业内容，规范组织开展现场勘察、危险因素识别等工作。

➢ **防范措施**

一是作业前切实开展现场勘察。重点查看现场施工（检修）作业需要停电的范围、保留的带电部位和作业现场的条件、环境及其他危险点等，并将影响施工的风险因素全部填写在勘察记录中。二是关注环境因素的变化。复勘中施工作业前对存在的风险进行再次评估、判别，依据风险控制关键因素变化情况来完善、补充风险控制措施。

 **典型违章案例12：**

➢ **违章描述**

××工程铁塔组立完成后，接地体敷设未完成，铁塔临时接地插入深度不

满足要求，接地装置与杆塔连接未按照标准要求执行。（一般违章）

➢ **违章图片**

图 121　铁塔临时接地插入深度不满足要求

➢ **违反条款**

《国家电网有限公司电力建设安全工作规程　第 2 部分：线路》第 11.1.8 条：组塔过程中应遵守下列规定：j）铁塔组立过程中及电杆组立后，应及时与接地装置可靠连接。

《典型违章库－基建线路部分》第 66 条：铁塔组立过程中及电杆组立后，未及时与接地装置可靠连接；跨越带电线路施工前，杆塔、导地线、放线滑车和施工机械等接地未可靠连接。

> **防范措施**

加强铁塔组立过程中接地装置的检查，铁塔组立过程中及电杆组立后，应及时与接地装置可靠连接，接地装置设置应符合规范要求。

## 典型违章案例13：

> **违章描述**

××工程28号铁塔钢丝绳与塔腿主材棱角处，衬垫软物未覆盖。（一般违章）

> **违章图片**

图122　钢丝绳与塔腿主材棱角处未衬垫软物

> **违反条款**

《国家电网有限公司电力建设安全工作规程　第2部分：线路》11.1.8e）钢丝绳与金属构件绑扎处，应衬垫软物。

《典型违章库－基建线路部分》第68条：起吊物体未绑扎牢固。物体有棱角或特别光滑的部位时，在棱角和滑面与绳索（吊带）接触处未包垫。

> **防范措施**

一是加强事前教育，结合站班会开展"震撼式"安全教育，作业负责人带领作业人员观看1个违章案例视频，加强本次作业安全措施的现场交底。二是加强作业过程中作业人员行为的检查，施工单位安全管理人员、现场监理人员要加强旁站及现场巡视，发现违章要及时制止，并加强人员教育。

 **典型违章案例14：**

➢ **违章描述**

××抽水蓄能电站 330kV 送出工程：绞磨卷筒上的磨绳缠绕只有 3 圈，且拉尾绳仅有 1 人。存在钢丝绳松脱风险。（一般违章）

➢ **违章图片**

图 123　绞磨卷筒上的磨绳缠绕只有 3 圈，且拉尾绳仅有 1 人

➢ **违反条款**

《国家电网有限公司电力建设安全工作规程　第 2 部分：线路》8.2.13.2 拉绞磨尾绳不应少于 2 人；8.2.13.4 磨绳应从卷筒下方卷入，且排列整齐，在卷筒或磨芯上缠绕不得少于 5 圈。

《典型违章库－基建线路部分》第 87 条：绞磨拉磨尾绳少于 2 人（带尾绳自动收发装置的除外）。

➢ **防范措施**

一是加强事前教育，结合站班会开展"震撼式"安全教育，作业负责人带领作业人员观看 1 个违章案例视频，加强本次作业安全措施的现场交底。二是加强作业过程中作业人员行为的检查，施工单位安全管理人员、现场监理人员要加强旁站及现场巡视，发现违章要及时制止，并加强人员教育。

**典型违章案例15：**

> **违章描述**

××110kV 送出工程线路工程：新组立的铁塔地脚螺栓未打毛丝扣，存在螺帽脱落的风险。（一般违章）

> **违章图片**

图 124　地脚螺栓未打毛丝扣

> **违反条款**

《输变电工程建设施工安全强制措施》表 1："四验"实施要求：地锚投入前必须通过验收：2.地锚进入作业点前，由施工作业层班组安全员按照施工方案要求对地锚规格、数量、外观等进行核查、验收，专业监理工程师或监理员进行复验。

《国家电网有限公司电力建设安全工作规程　第 2 部分：线路》11.1.8L)铁塔组立后，地脚螺栓应随即采取加垫板并拧紧螺帽及打毛丝扣等适当防卸措施。

> **防范措施**

严格执行输变电工程建设施工安全强制措施，落实"三算四严五禁止"要求，组塔架线作业前地脚螺栓必须通过验收。一是地脚螺栓进场前，监理项目部专业监理工程师应严格执行《输电线路工程地脚螺栓全过程管控办法（试行）》（国家电网基建〔2018〕387 号），组织对地脚螺栓进行验收。二是组塔前转序验收前，由施工班组技术员兼质检员负责完成自检，施工班组长予以确

认。组塔前转序验收，施工项目部质检员、监理专业监理工程师及业主项目部
质量专责均应检查地脚螺栓的螺杆、螺母、垫板标记匹配情况；三是杆塔塔脚
板安装完成后，施工作业层班组技术员兼质检员、监理工程师应检查地脚螺栓
的安装及防卸情况并进行标记；四是组塔架线作业中，每次开展作业前施工作
业层班组技术员兼质检员、监理工程师应检查地脚螺栓的安装及防卸情况；五
是架线前转序验收前，由班组技术员兼质检员负责完成自检，施工班组长予以
确认。验收时，施工项目部质检员、监理专业监理工程师及业主项目部质量专
责应检查两螺母、垫板与塔脚板是否靠紧；六是上述各环节验收不通过，不得
开展后续作业。

 **典型违章案例16：**

➢　**违章描述**

××500kV 线路工程 G68 内悬浮外拉线抱杆分解组塔作业：邻近水塘作业
未设置围栏、挡板。存在人员坠入水塘风险。（一般违章）

➢　**违章图片**

图 125　邻近水塘作业未设置围栏、挡板

➢　**违反条款**

《国家电网有限公司电力建设安全工作规程　第 2 部分：线路》6.1.4 施工
现场及周围的悬崖、陡坎、深坑、高压带电区等危险场所均应设可靠的防护设

施及安全标志。

《国家电网有限工程电力建设安全工作规程　第2部分：线路》11.1.3 组塔作业区域应设置提示遮栏等明显安全警示标志，非作业人员不得进入作业区。

> **防范措施**

一是作业前切实开展现场勘察。重点查看现场施工（检修）作业需要停电的范围、保留的带电部位和作业现场的条件、环境及其他危险点等，并将影响施工的风险因素全部填写在勘察记录中。二是关注环境因素的变化。复勘中施工作业前对存在的风险进行再次评估、判别，依据风险控制关键因素变化情况来完善、补充风险控制措施。三是做好施工区域临边防护措施。临边区域设置围栏隔离，并悬挂醒目的安全警示标志。

## 典型违章案例17：

> **违章描述**

××500kV 线路工程组塔施工作业：采用一根角铁桩作为临时拉线锚桩，未采用一组。存在角铁桩被拔出风险。（一般违章）

> **违章图片**

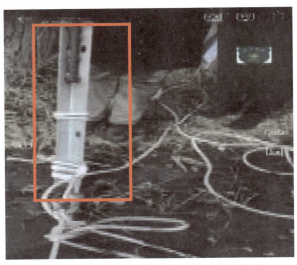

图 126　采用一根角铁桩作为临时拉线锚桩

➤ **违反条款**

《国家电网有限公司电力建设安全工作规程　第 2 部分：线路》11.1.6 临时地锚设置应遵守下列规定：b）采用角铁桩或钢管桩时，一组桩的主桩上应控制一根拉绳。

《典型违章库－基建线路部分》第 110 条：临时地锚采用角铁桩或钢管桩时，一组桩的主桩上控制两根及以上拉绳。临时地锚未采取避免被雨水浸泡的措施。

➤ **防范措施**

一是严格执行输变电工程建设施工安全强制措施，落实"三算四严五禁止"要求，地锚投入使用前必须通过验收。二是加强地锚过程检查，施工单位作业层班组安全员按照施工方案要求对地锚规格、数量、外观等进行核查、验收，专业监理工程师或监理员进行复验。

 **典型违章案例18：**

➤ **违章描述**

110kV××线 20+3 号铁塔组立作业：立塔机动绞磨位置布置不符合规程要求，200+3 号铁塔呼高 27m，绞磨到铁塔中心线距离约 5m，存在杆塔倾倒、高空落物伤人的风险。（一般违章）

➤ **违章图片**

图 127　立塔机动绞磨位置布置不符合规程要求

> **违反条款**

《架空输电线路铁塔分解组立施工工艺导则》6.3.3 牵引装置宜放置在主要吊装面的侧面，当塔全高大于 40m 时，牵引装置及地锚与铁塔基础中心的距离不宜小于 40m，当塔全高小于或等于 40m 时，牵引装置及地锚与铁塔基础中心的距离不宜小于铁塔全高的 1.2 倍。

> **防范措施**

一是做好施工方案的编制与审核。方案编制要有针对性，现场作业严格按照施工方案执行。二是作业过程中做好与方案一致性的检查。如发现作业未按方案实施，应立即停止作业，并采取纠正措施。

### 3.3.14　导地线展放、附件安装、线路跨越作业

 **典型违章案例1：**

> **违章描述**

××工程施工Ⅱ标段 G8-G26 放线区段紧线挂线作业，新建 G13 塔紧线施工现场导线高空锚线未设置二道保护措施。（Ⅲ类严重违章）

> **违章图片**

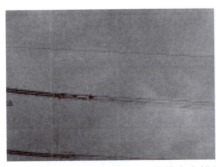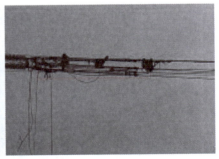

图 128　导线高空锚线未设置二道保护措施

> **违反条款**

《典型违章库－基建线路部分》第 64 条：导线高空锚线未设置二道保护措施；重要跨越档两端铁塔的附件安装未进行二道防护。

➢　**防范措施**

一是加强事前教育，结合站班会开展"震撼式"安全教育，作业负责人带领作业人员观看 1 起事故或违章案例视频，加强本次作业安全措施的现场交底。二是加强作业过程中作业人员行为的检查，施工单位安全管理人员、现场监理人员要加强旁站及现场巡视，发现违章要及时制止，并加强人员教育，落实惩处要求。

 **典型违章案例2：**

➢　**违章描述**

××线路工程跨越架剪刀撑绑扎点未设置在立杆与横杆的交接处，与地面的夹角大于 60°，且部分支杆根部未埋入地下。存在跨越架支撑不牢固风险。（一般违章）

➢　**违章图片**

图 129　跨越架剪刀撑绑扎点未设置在立杆与横杆的交接处，与地面的夹角大于 60°

➢　**违反条款**

《典型违章库－基建线路部分》第 112 条：木、竹、钢管跨越架立杆、大横杆未错开搭接，搭接长度不符合安规要求。

> **防范措施**

一是加强跨越架的验收。要求跨越架在投入使用前必须验收合格，并挂设验收合格牌。二是加强跨越架使用过程中的检查，有损坏的部分及时更换修补。

### 典型违章案例3:

> **违章描述**

××线路工程 9 号～10 号导、地线及通讯光缆展放作业：钢管跨越架未设接地装置。存在人员接触感应电风险。（一般违章）

> **违章图片**

图 130　钢管跨越架未设接地装置

> **违反条款**

《典型违章库－基建线路部分》第 65 条：施工现场按规定应接地的施工机械、施工工器具、金属跨越架接地不可靠。

《国家电网有限公司电力建设安全工作规程　第 2 部分：线路》12.1.2.5：各类型金属跨越架架体应有良好接地装置。

> **防范措施**

一是加强跨越架的验收。要求跨越架在投入使用前必须验收合格，并挂设验收合格牌。二是加强跨越架使用过程中的检查。钢管架应有防雷接地措施，整个架体应从立杆根部引设两处（对角）防雷接地。

**典型违章案例4：**

> **违章描述**

××110kV 线路改造工程导地线架设及附件安装作业：钢管跨越架架顶未设置挂胶滚筒或挂胶滚动横梁。存在导线破损的风险。（一般违章）

> **违章图片**

图 131　钢管跨越架架顶未设置挂胶滚筒或挂胶滚动横梁

> **违反条款**

《典型违章库－基建线路部分》第 112 条：金属跨越架钢管底部未设垫木，顶部未设置滚动装置。

《国家电网有限公司电力建设安全工作规程　第 2 部分：线路》12.1.1.9 各类型金属跨越架架顶应设置挂胶滚筒或挂胶滚动横梁。

> **防范措施**

一是加强跨越架的验收。要求跨越架在投入使用前必须验收合格，并挂设验收合格牌。二是加强跨越架使用过程中的检查。各类型金属跨越架架顶设置挂胶滚筒或挂胶滚动横梁。

 **典型违章案例5：**

> **违章描述**

××工程钢管跨越架立杆底部未设置金属底座或垫木，横杆未搭接。（一般违章）

> ➤  **违章图片**

图 132　跨越架立杆底部未设置金属底座或垫木

> ➤  **违反条款**

《典型违章库－基建线路部分》第 112 条：金属跨越架钢管底部未设垫木，顶部未设置滚动装置。

> ➤  **防范措施**

一是加强跨越架的验收。要求跨越架在投入使用前必须验收合格，并挂设验收合格牌。二是加强跨越架使用过程中的检查，有损坏的部分及时更换修补。

 **典型违章案例6：**

> ➤  **违章描述**

××工程牵引绳尾绳在绳盘上的盘绕圈数为 2 圈。存在牵引绳跑绳的风险。（一般违章）

> ➤  **违章图片**

图 133　牵引绳尾绳在绳盘上的盘绕圈数为 2 圈

➢ **违反条款**

《国家电网有限工程电力建设安全工作规程　第 2 部分：线路》12.3.13 导线的尾线或牵引绳的尾绳在线盘或绳盘上的盘绕圈数均不得少于 6 圈。

➢ **防范措施**

一是加强施工机具配备，施工单位应为现场配备数量足够且合格的施工机具，并就施工机具使用开展交底培训，确保作业人员掌握正确使用方法。二是加强施工机具进场前安全检查及过程安全检查，施工单位安全管理人员、现场监理人员要加强施工机具检查验收，发现不合格施工机具要第一时间清除出场，并重新配备合格机具。发现机具未正确使用要立即纠正，并加强作业人员安规及操作规程的培训。

 **典型违章案例7：**

➢ **违章描述**

××工程高处作业人员在进行附件安装时，将安全绳拴在导线绝缘子串上。存在高空坠落的风险。（一般违章）

➢ **违章图片**

图 134　安全绳拴在导线绝缘子串上

➢ **违反条款**

《典型违章库－基建线路部分》第 120 条：附件安装时，安全绳或速差自控器未拴在横担主材上。

> **防范措施**

一是加强事前教育，结合站班会开展"震撼式"安全教育，作业负责人带领作业人员观看 1 起事故或违章案例视频，加强本次作业安全措施的现场交底。二是加强作业过程中作业人员行为的检查，施工单位安全管理人员、现场监理人员要加强旁站及现场巡视，发现违章要及时制止，并加强人员教育，落实惩处要求。

## 典型违章案例8：

> **违章描述**

××工程放线过程中，张力机操作人员擅自离开操作台。存在机械失控风险。（一般违章）

> **违章图片**

图 135　张力机操作人员擅自离开操作台

> **违反条款**

《国家电网有限工程电力建设安全工作规程　第 2 部分：线路》8.2.1.1 作业过程中，操作人员应严格遵循使用说明书规定的操作要求，不得擅自离开工作岗位或将机械交给其他无证人员操作。

> **防范措施**

一是加强施工机具配备，施工单位应为现场配备数量足够且合格的施工机具，并就施工机具使用开展交底培训，确保作业人员掌握正确使用方法。二是加强施工机具进场前安全检查及过程安全检查，施工单位安全管理人员、现场监理人员要加强施工机具检查验收，发现不合格施工机具要第一时间清除出场，并重新配备合格机具。发现机具未正确使用要立即纠正，并加强作业人员安规及操作规程的培训。

 **典型违章案例9：**

➢ **违章描述**

××工程放线时，线盘转动期间附近无人传递信号。存在信息传递不及时，线盘伤人的风险。（一般违章）

➢ **违章图片**

图 136　线盘转动期间附近无人传递信号

➢ **违反条款**

《国家电网有限工程电力建设安全工作规程　第 2 部分：线路》12.2.6 线盘或线圈展放处，应设专人传递信号。

➢ **防范措施**

一是加强工作负责人、安全监护人等现场关键人员配备，确保专责监护人按照施工作业面配备齐全。二是工作负责人、安全监护人等现场关键人员要切实在岗履责，做好现场安全管控。

 **典型违章案例10：**

➢ **违章描述**

××工程牵引机出线端导线上未装接地滑车。存在操作人员触电的风险。

（一般违章）

➢ **违章图片**

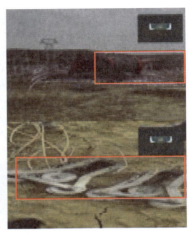

图 137　牵引机出线端导线上未装接地滑车

➢ **违反条款**

《国家电网有限工程电力建设安全工作规程　第 2 部分：线路》12.10.3.c）张力放线时，牵引机及张力机出线端的牵引绳及导线上应安装接地滑车。

➢ **防范措施**

一是加强施工机具配备，施工单位应为现场配备数量足够且合格的施工机具，并就施工机具使用开展交底培训，确保作业人员掌握正确使用方法。二是加强施工机具进场前安全检查及过程安全检查，施工单位安全管理人员、现场监理人员要加强施工机具检查验收，发现不合格施工机具要第一时间清除出场，并重新配备合格机具。发现机具未正确使用要立即纠正，并加强作业人员安规及操作规程的培训。

 **典型违章案例11：**

➢ **违章描述**

××工程导引绳管理不规范：G304 号塔西侧导引绳直接搭在被跨越的 10kV××线（已停电）绝缘导线上；G307-G312 号塔间导地线展放，导引绳放

置于地面被车辆碾压；正在牵引的导引绳跨越道路两端无人监护。（一般违章）

➢ **违章图片**

图 138　导引绳放置于地面被车辆碾压，正在牵引的导引绳跨越道路两端无人监护

➢ **违反条款**

《国家电网有限工程电力建设安全工作规程　第 2 部分：线路》13.2.10 在跨越电气化铁路和 10kV 及以上电力线的跨越架上使用绝缘绳、绝缘网封顶时，应满足下列规定：a）绝缘绳、网与被跨越电力线路导线、地线的最小垂直距离在事故状态下（跑线、断线），不得小于表 15 的规定（1.5m）。12.2.8 架线时，除应在杆塔处设监护人外，对被跨越的房屋、路口、河塘、裸露岩石及跨越架和人畜较多处均应派专人监护。

➢ **防范措施**

一是加强工作负责人、安全监护人等现场关键人员配备，确保专责监护人按照施工作业面配备齐全。二是工作负责人、安全监护人等现场关键人员要切实在岗履责，做好现场安全管控。跨越 10kV 及以上电力线的必须搭设跨越架进行防护。

 **典型违章案例12：**

➢ **违章描述**

××工程牵引场牵引机操作人员未完全站在绝缘垫上，雨后地面潮湿，存在触电风险。（一般违章）

> **违章图片**

图 139　牵引机操作人员未完全站在绝缘垫上

> **违反条款**

《典型违章库－基建线路部分》第 116 条：张力放线时，牵张机操作人员未站在干燥的绝缘垫上或与未站在绝缘垫上的人员接触。

> **防范措施**

一是加强施工机具配备，施工单位应为现场配备数量足够且合格的施工机具，并就施工机具使用开展交底培训，确保作业人员掌握正确使用方法。二是加强施工机具进场前安全检查及过程安全检查，施工单位安全管理人员、现场监理人员要加强施工机具检查验收，发现不合格施工机具要第一时间清除出场，并重新配备合格机具。发现机具未正确使用要立即纠正，并加强作业人员安规及操作规程的培训。

 **典型违章案例13：**

> **违章描述**

××工程高空作业时液压机未有效固定，无二道保险。（一般违章）

> **违章图片**

图 140　高空作业时液压机未有效固定，无二道保险

> ➤ **违反条款**

《典型违章库－基建线路部分》第 119 条：高空压接时，液压机升空后未做好悬吊措施，未设置二道保险。

> ➤ **防范措施**

一是加强施工工器具配备，施工单位应为现场配备数量足够且合格的施工工器具，并就施工工器具使用开展交底培训，确保作业人员掌握正确使用方法。二是加强工器具进场前安全检查及过程安全检查，施工单位安全管理人员、现场监理人员要加强工器具检查验收，发现工器具未正确使用要立即纠正，并加强操作人员安规及机械使用规程的培训。

 **典型违章案例14：**

> ➤ **违章描述**

××光伏发电项目 330kV 工程引流线制作安装：现场使用的压接机未接地。存在机器漏电或所压接导线感应电伤人风险。（一般违章）

> ➤ **违章图片**

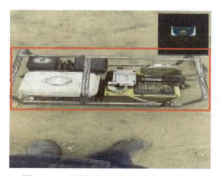

图 141　现场使用的压接机未接地

> ➤ **违反条款**

《国家电网有限工程电力建设安全工作规程　第 2 部分：线路》8.2.14.1 液压工器具使用前应检查下列各部件：f）机身应可靠接地。

> ➤ **防范措施**

一是加强施工工器具配备，施工单位应为现场配备数量足够且合格的施工工器具,并就施工工器具使用开展交底培训,确保作业人员掌握正确使用方法。二是加强工器具进场前安全检查及过程安全检查,施工单位安全管理人员、现场监理人员要加强工器具检查验收,发现工器具未正确使用要立即纠正,并加强操作人员安规及机械使用规程的培训。

## 典型违章案例15:

➢ **违章描述**

××220kV 线路工程:跨越架临近乡村公路未悬挂醒目的警告标志和夜间警示装置。存在行车安全、伤人风险。(一般违章)

➢ **违章图片**

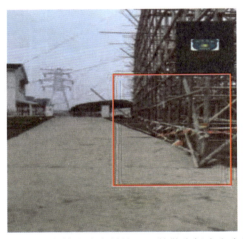

图 142　跨越架临近乡村公路未悬挂醒目的警告标志和夜间警示装置

➢ **违反条款**

《国家电网有限工程电力建设安全工作规程　第 2 部分:线路》12.1.1.10 跨越架上应悬挂醒目的警告标志及夜间警示装置。

➢ **防范措施**

一是加强跨越架的验收。要求跨越架在投入使用前必须验收合格,并挂设验收合格牌,悬挂醒目的警告标志及夜间警示装置。二是跨越架临近居民区与道路做好安全警示措施,悬挂醒目的警告标志及夜间警示装置。

**典型违章案例16：**

➢ **违章描述**

××工程与网套连接使用的旋转连接器横销未安装滚轮。（一般违章）

➢ **违章图片**

图 143　旋转连接器横销未安装滚轮

➢ **违反条款**

《国家电网有限工程电力建设安全工作规程　第 2 部分：线路》8.3.11.2 旋转连接器的横销应拧紧到位，与钢丝绳或网套连接器连接时应安装滚轮并拧紧横销。

➢ **防范措施**

一是加强施工工器具配备，施工单位应为现场配备数量足够且合格的施工工器具，并就施工工器具使用开展交底培训，确保作业人员掌握正确使用方法。二是加强工器具进场前安全检查及过程安全检查，施工单位安全管理人员、现场监理人员要加强工器具检查验收，发现工器具未正确使用要立即纠正，并加强操作人员安规及机械使用规程的培训。

**典型违章案例17：**

➢ **违章描述**

××工程钻越带电线路，附件安装作业未提前装设个人保安线。（一般违章）

➢ **违章图片**

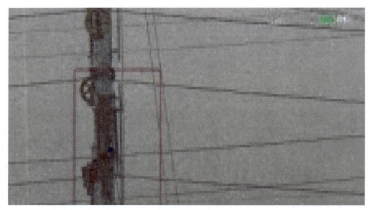

图 144　附件安装作业未提前装设个人保安线

➢ **违反条款**

《国家电网有限工程电力建设安全工作规程　第 2 部分：线路》12.10.5.b 附件安装时的接地应遵守下列规定：作业人员应在装设个人保安线后，方可进行附件安装。

➢ **防范措施**

一是作业前切实开展现场勘察。重点查看现场施工（检修）作业需要停电的范围、保留的带电部位和作业现场的条件、环境及其他危险点等，并将影响施工的风险因素全部填写在勘察记录中。二是关注环境因素的变化。复勘中施工作业前对存在的风险进行再次评估、判别，依据风险控制关键因素变化情况来完善、补充风险控制措施。三是为作业人员正确配备使用安全工器具，工作地段如有邻近、平行、交叉跨越及同杆塔架设线路，为防止停电检修线路上感应电压伤人，在需要接触或接近导线工作时，应使用个人保安线。

 **典型违章案例18：**

➢ **违章描述**

××工程作业人员拆除接地线时未戴绝缘手套。（一般违章）

➤　**违章图片**

图 145　拆除接地线时未戴绝缘手套

➤　**违反条款**

《典型违章库－基建线路部分》第 119 条：对设备进行验电、装拆接地线等工作时，未戴绝缘手套。

➤　**防范措施**

一是加强事前安全教育，结合站班会开展"震撼式"安全教育，作业负责人带领作业人员观看 1 起事故或违章案例视频，加强本次作业安全措施的现场交底，特别强调防触电、防高坠安全措施的要求。二是加强安全工器具配备，施工单位应为现场配备数量足够且合格的高处作业安全工器具，并就安全工器具使用开展交底培训，确保作业人员掌握正确使用方法。三是加强过程安全检查，施工单位安全管理人员、现场监理人员要加强旁站和安全巡视，发现违章现象后要第一时间予以制止，并按工程要求兑现惩处措施。

**典型违章案例19：**

> **违章描述**

××工程作业人员用手拉拽正在牵引的钢丝绳。（一般违章）

> **违章图片**

图 146　作业人员用手拉拽正在牵引的钢丝绳

> **违反条款**

《国家电网有限公司电力建设安全工作规程　第 2 部分：线路》8.2.13.9.b）作业时不得向滑轮上套钢丝绳，不得在卷筒、滑轮附近用手扶运行中的钢丝绳。

> **防范措施**

一是加强事前教育，结合站班会开展"震撼式"安全教育，作业负责人带领作业人员观看 1 起事故或违章案例视频，加强本次作业安全措施的现场交底。二是加强作业过程中作业人员行为的检查，施工单位安全管理人员、现场监理人员要加强旁站及现场巡视，发现违章要及时制止，并加强人员教育，落实惩处要求。

 **典型违章案例20：**

> **违章描述**

××工程地锚马道与受力方向不一致：A20 杆塔导引绳与绞磨共用地锚，地锚受力方向与马道方向相反。（一般违章）

➤　**违章图片**

图 147　马道与受力方向不一致，导引绳与绞磨共用地锚

➤　**违反条款**

《典型违章库－基建线路部分》第 90 条：地锚开挖的马道与受力方向不一致；未采取避免防雨水浸泡的措施。

➤　**防范措施**

一是严格执行输变电工程建设施工安全强制措施，落实"三算四严五禁止"要求，地锚投入使用前必须通过验收。二是加强地锚过程检查，施工单位作业层班组安全员按照施工方案要求对地锚规格、数量、外观等进行核查、验收，专业监理工程师或监理员进行复验。

 **典型违章案例21：**

➤　**违章描述**

××工程 19 号钢管杆现场待割的导线，在断线点两端未事先用绳索绑牢。

（一般违章）

➢ **违章图片**

图 148 待割导线断线点两端未事先用绳索绑牢

➢ **违反条款**

《典型违章库－基建线路部分》第 117 条：平衡挂线时，高空开断导线前未将断线点两端事先用绳索绑牢。

➢ **防范措施**

一是加强事前教育，结合站班会开展"震撼式"安全教育，作业负责人带领作业人员观看 1 起事故或违章案例视频，加强本次作业安全措施的现场交底。二是加强作业过程中作业人员行为的检查，施工单位安全管理人员、现场监理人员要加强旁站及现场巡视，发现违章要及时制止，并加强人员教育，落实惩处要求。

 **典型违章案例22：**

➢ **违章描述**

××工程 18 号～19 号钢管杆跨越 10kV 线路，搭设的跨越架宽度未考虑转向塔滑车偏转，跨越架中心不在导线垂直下方，且跨越架封顶网与 10kV 导

线的垂直距离小于 1.5m。29 号～30 号跨越 10kV 线路的跨越架未设置羊角。（一般违章）

> ➤ **违章图片**

图 149　跨越架宽度未考虑转向塔滑车偏转，垂直距离不足，未设置羊角

> ➤ **违反条款**

《国家电网公司电力安全工作规程线路部分》第 9.4.8 条：跨越架的中心应在线路中心线上，宽度应超出所施放或拆除线路的两边各 1.5m，架顶两侧应装设外伸羊角。

《国家电网有限公司电力建设安全工作规程　第 2 部分：线路》第 13.2.10 条：跨越架架面（含拉线）距被跨一般违章电力线路导线之间的最小安全距离在考虑施工期间的最大风偏后不得小于表 15 的规定。

> ➤ **防范措施**

一是加强跨越架的验收。要求跨越架在投入使用前必须验收合格，并挂设验收合格牌。二是加强跨越架使用过程中的检查，有损坏的部分及时更换修补。

 **典型违章案例23：**

> ➤ **违章描述**

××工程 A5～A6 抱杆横担跨越封网化纤绳未按照要求连结应用。（一般违章）

➢ **违章图片**

图 150　跨越封网化纤绳未按照要求连结应用

➢ **违反条款**

《国家电网有限公司电力建设安全工作规程　第 2 部分：线路》第 8.3.4.4 条：b）化纤绳索不得直接系结的方式。

➢ **防范措施**

一是加强施工工器具配备，施工单位应为现场配备数量足够且合格的施工工器具，并就施工工器具使用开展交底培训，确保作业人员掌握正确使用方法。二是加强工器具进场前安全检查及过程安全检查，施工单位安全管理人员、现场监理人员要加强工器具检查验收，发现工器具未正确使用要立即纠正，并加强操作人员安规及机械使用规程的培训。

 **典型违章案例24：**

➢ **违章描述**

××工程跨越架搭设时未在公路来车方向设置提示标志。（一般违章）

> **违章图片**

图 151　跨越架搭设时未在公路来车方向设置提示标志

> **违反条款**

《国家电网有限公司电力建设安全工作规程　第 2 部分：线路》12.1.1.13
跨越公路的跨越架，应在公路来车方向距跨越架适当距离设置提示标志。

> **防范措施**

一是加强跨越架的验收。要求跨越架在投入使用前必须验收合格，并挂设
验收合格牌，悬挂醒目的警告标志及夜间警示装置。二是跨越架临近居民区与
道路做好安全警示措施，悬挂醒目的警告标志及夜间警示装置。

 **典型违章案例25：**

> **违章描述**

××工程 29 号～30 号跨越 380V 线路跨越架，立杆绑扎少于 3 道。（一
般违章）

> **违章图片**

图 152　跨越架立杆绑扎少于 3 道

> **违反条款**

《国家电网有限公司电力建设安全工作规程　第 2 部分：线路》12.1.4.5 条
木、竹跨越架的立杆、大横杆应错开搭接，搭接长度小于 1.5m，绑扎时小头

未压在大头上，绑扣少于 3 道。木、竹跨越架立杆均应垂直埋入坑内，杆坑底部未夯实，埋深少于 0.5m，未大头朝下，回填土未夯实。

> **防范措施**

一是加强跨越架的验收。要求跨越架在投入使用前必须验收合格，并挂设验收合格牌。二是加强跨越架使用过程中的检查，有损坏的部分及时更换修补。

### 典型违章案例26：

> **违章描述**

××220kV 线路迁改工程：跨越架未设置羊角。存在跑线风险。（一般违章）

> **违章图片**

图 153　跨越架未设置羊角

> **违反条款**

《国家电网公司电力安全工作规程（线路部分）》9.4.8 跨越架架顶两侧应装设外伸羊角。

> **防范措施**

一是加强跨越架的验收。要求跨越架在投入使用前必须验收合格，并挂设验收合格牌。二是加强跨越架使用过程中的检查，有损坏的部分及时更换修补。

## 典型违章案例27：

> **违章描述**

拆除220kV××线1号~3号导地线跨高速工程：临近道路施工未设置警示牌，作业现场未设置围栏及标识牌。存在交通伤害及无关人员误入作业现场风险。（一般违章）

> **违章图片**

图154 临近道路施工未设置警示牌，作业现场未设置围栏及标识牌

> **违反条款**

《国家电网公司电力安全工作规程（线路部分）》6.6.3 在城区、人口密集区地段或交通道口和通行道路上施工时，工作场所周围应装设遮栏（围栏），并在相应部位装设标示牌。

> **防范措施**

一是做好施工区域与居民活动区域的隔离。作业时用隔离带将作业区域进行临时隔离，并在适当醒目位置悬挂警示牌，防止无关人员进入作业区。并安排专人监护。

### 典型违章案例28：

➢ **违章描述**

220kV××线路改造工程：现场使用的高空压接机未采用可靠方式接地。存在压接机漏电伤人及感应电伤人风险。（一般违章）

➢ **违章图片**

图 155　高空压接机未采用可靠方式接地

➢ **违反条款**

《国家电网有限公司电力建设安全工作规程　第 2 部分：线路》8.2.14.1 液压工器具使用前应检查下列各部件：f）机身应可靠接地。

➢ **防范措施**

一是加强施工工器具配备，施工单位应为现场配备数量足够且合格的施工工器具，并就施工工器具使用开展交底培训，确保作业人员掌握正确使用方法。二是加强工器具进场前安全检查及过程安全检查，施工单位安全管理人员、现场监理人员要加强工器具检查验收，发现工器具未正确使用要立即纠正，并加强操作人员安规及机械使用规程的培训。

# 第四章　反违章管理措施

## 第一节　反违章管理文件依据

1.《国家电网有限公司关于进一步优化提升反违章工作的意见》

主要内容：文件提出"五个坚持"和 18 项管理措施，其中"五个坚持"为：坚持严查严防、坚持系统思维、坚持突出重点、坚持标本兼治、坚持科技赋能；18 项管理措施分别为：明确各级工作定位，落实"三管三必须"要求，明确"重特大"事故风险典型作业场景和事故防范"硬措施"，严格"重特大"事故风险现场管控，严格"人身事故同因"违章管控机制，严肃"人身事故同因"责任追究，严抓"人身事故同因"违章整改，开展前置督查，加强人员资质能力督查，加强机构队伍建设，完善安全风险管控监督平台功能，加强全方位全景布控，深化智能反违章技术应用，定期开展反违章分析，开展反违章工作评价。

2.《国网安委办关于印发〈国家电网有限公司"无违章项目部、无违章班组、无违章个人"及"平安现场"创建活动实施方案〉的通知》

主要内容：明确了国网公司所属各单位"无违章项目部""无违章班组""无违章个人""平安现场"的创建范围、创建条件以及评选流程。

3.《国家电网有限公司安全生产反违章工作管理办法》

主要内容：明确了反违章工作职责分工、违章界定要求，建立违章预防机制、违章查纠机制、违章治理机制、违章惩处机制，明确了违章查处、违章通报、整改备案、申诉处理、记分应用等工作流程，明确了反违章实施保障、工作评价等相关工作要求。

4.《国家电网有限公司关于进一步规范和明确反违章工作有关事项的通知》

主要内容：进一步明确了违章的认定原则，发布了国网公司《典型违章库》，明确了对严重违章的追责要求，以及对违章查纠的保障措施。

5.《国网安监部关于修订印发〈严重违章条款释义〉（生产变电等11部分）的通知》

主要内容：按照生产变电、生产线路、生产配电、配电工程、基建变电、基建线路、监理、电力监控、电力通信、网络信息、动火作业 11 个部分对严重违章进行了释义。

6.《国网安委办关于进一步加强反违章工作管理的通知》

主要内容：明确了违章查纠闭环工作机制，提出将安全事故（事件）暴露出的问题纳入严重违章清单，同时严格管理违章责任追究。

## 第二节　建议采取的反违章管理措施

近几年来，国网公司不断加大反违章工作力度，把反违章作为减少人身事故发生的主要手段，并取得了显著成效。但从各级检查情况来看，各类违章现象仍然比较普遍，"无计划作业""高空失保"等严重违章仍然时有发生，为此要进一步贯彻国网公司反违章工作要求，落实总承包单位反违章管理主体责任，建立反违章长效机制，确保输变电工程现场保持安全稳定状态。

### （一）坚持守土有责，落实参建各方反违章责任

要充分落实总承包单位的反违章主体责任，总包单位是现场施工的直接组织者，在施工现场派驻施工项目经理、项目总工、安全员、技术员、施工员、施工班组长等施工管理人员，相关人员有能力直接影响甚至消除现场存在的施工违章现象。重点要做好以下几个方面工作：

一是保障安全资源投入。总包单位应配备足额的安全管理人员、安全工器具、施工机械以及其他安全设施，确保相关管理人员、技术人员、特种作业人员具备与其岗位相匹配的专业技能，确保施工机具、安全工器具完好并经检验合格。

二是强化现场安全意识。总包单位应当做实现场安全教育培训工作，牢固

树立国网公司"十大安全理念"，结合典型事故案例开展"震撼式"安全教育，扎实开展周"安全日"活动，逐步形成"全员反违章、自觉反违章"的良好氛围。

三是突出反违章工作重点。要把反违章的重心放在"事故同因"的违章上，对于能够直接造成人身伤亡的违章要加大查纠管控力度，特别是要防范人员群死群伤。要建立严格的管控机制，杜绝"无计划作业""高空失保""分包单位自行作业"等"事故同因"的高频违章，严格"三算四验五禁止"等强制性措施，切实提高反违章工作实效。

要落实建设管理单位、监理单位的反违章监督责任，要落实驻队监理制度，强化管理人员到岗监督，重点在计划管理、现场勘察、方案审查、人员审查、施工机具审查、安全巡视检查等方面，建立并落实相关反违章工作机制，突出反违章工作重点，落实安全奖惩机制，保障管理体系运行，形成现场反违章的高压态势，确保输变电工程建设现场安全稳定。

## （二）突出对症下药，结合实际问题落实具体措施

参建各方要加大违章分析点评力度，针对不同作业类型、不同施工单位、不同班组进行分析，挖掘各级单位违章问题的数据价值，有针对性地制定反违章管理措施。

在施工承载力方面，要深入了解施工人员的配置情况，畅通人员招聘渠道，确保现场作业负责人是"明白人"，确保"高处作业人员""焊工"等特种作业人员具备相应的专业技能。

在安全意识方面，要加大事故案例、典型违章案例的分析和学习，要开展"震撼式"安全教育，加强安全文化浸润，通过视频、动漫等生动的方式，让一线人员深刻认识到相关严重违章可能造成的严重后果，逐步从"要我安全"向"我要安全"转变。

在技术管理方面，让"懂技术""懂现场"的技术人员编制方案，要加强方案变更管理，特别是要防范现场随意改变技术措施的问题，严格落实输变电工程"三算、四验、五禁止"的要求，确保各项技术措施有效落地。

在安全工器具方面，要调研了解各单位安全工器具采购、检测等工作流程，对于产业施工单位安全工器具采购周期长、采购金额受限等问题，要积极与产业主管部门、物资采购部门等相关部门沟通协调，确保现场能够及时足额配备有效的安全工器具。

## （三）强化事前管控，建立可持续的反违章机制

强化作业重点环节监督。强化作业前置审查，针对重要风险现场勘察、工作票填写、三措制定等事项加强事前把关，确保风险点有效辨识，各项安全措施切实有效。加强人员资质能力审查，严格落实"严入、强训、必考"工作机制，确保特种作业人员具备相应资质，确保作业负责人、驻队监理等一线人员是"明白人"。

建立可持续的反违章机制。项目部层级应当结合项目实际建立与现场匹配的反违章工作机制，包括但不限于：站班会、工地例会、反违章工作周报、施工安全技术交底、安全巡视检查等工作机制，并采取有效措施确保相关工作机制常态化运行。参建单位层级应当结合公司实际制定相关反违章管理制度，保障安全管理资源投入，组建安全督查团队，常态化开展反违章工作。参建单位应当将反违章工作纳入安全奖惩范围，常态化评选"无违章员工""无违章班组""平安现场"，形成反违章的良好氛围。

加强智能化技术支撑保障。一是加强无人机督查推广应用。加大无人机配置力度，省、市公司组建无人机安全督查团队，开展全年不间断轮巡，构建"布控球+无人机"的"地空一体"三维全景督查模式。二是深化智能布控球研发应用。完善作业现场360°全景视频监控、违章实时告警等功能，对于安全风险高、作业面复杂的单项作业，增加多点、多角度布控球配置，实现现场全过程、无死角视频监控。三是深化现场典型违章智能识别。充分应用人工智能、边缘计算、北斗定位等技术，推进违章识别算法迭代更新，持续提高安措布置和人员行为等方面违章智能识别精度，推动现场安全管理向人防、技防相结合方式转变。